剪映短视频剪辑与运营全攻略

视频剪辑 ＋ 音频处理 ＋ 后期特效 ＋ 运营管理

麓山文化◎编著

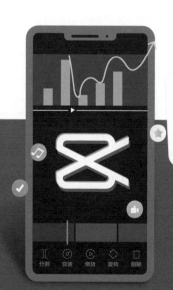

人民邮电出版社

北 京

图书在版编目（CIP）数据

剪映短视频剪辑与运营全攻略 : 视频剪辑+音频处理+
后期特效+运营管理 / 麓山文化编著. -- 北京 : 人民邮
电出版社, 2020.12
ISBN 978-7-115-54729-3

Ⅰ. ①剪… Ⅱ. ①麓… Ⅲ. ①视频制作②网络营销
Ⅳ. ①TN948.4②F713.365.2

中国版本图书馆CIP数据核字(2020)第159680号

内 容 提 要

剪映是一款操作简单、功能齐全的视频编辑软件，可以与抖音短视频平台无缝链接。
剪映的应用不仅能提高短视频的质量，还能降低短视频的制作门槛，帮助更多用户快速
跻身短视频行业，做出人气爆棚的视频作品。

全书共分7章。前5章通过基础内容讲解，穿插技术提示和案例操作，对剪映软件
的素材剪辑、画面调整、音频处理、特效运用等功能进行了全面、系统的介绍。后2章
则针对视频的发布共享、后期运营推广等进行了详细介绍。本书内容全面、条理清晰，
讲解通俗易懂，除了必要的理论阐述，还采用了步骤导图的讲解模式，带领读者深入学
习剪映的使用方法和操作技巧。

随书提供操作案例的素材文件、效果文件和在线教学视频，方便读者边学习边操作，
提高学习效率，快速掌握短视频的制作方法。

本书适合短视频剪辑爱好者、自媒体运营人员、新媒体平台工作人员、电商运营人
员等阅读。

◆ 编　著　麓山文化
　　责任编辑　张丹阳
　　责任印制　马振武
◆ 人民邮电出版社出版发行　　北京市丰台区成寿寺路11号
　　邮编　100164　　电子邮件　315@ptpress.com.cn
　　网址　https://www.ptpress.com.cn
　　涿州市般润文化传播有限公司印刷
◆ 开本：700×1000　1/16
　　印张：14　　　　　　　　2020年12月第1版
　　字数：350千字　　　　　2024年8月河北第27次印刷

定价：69.00元

读者服务热线：(010)81055410　印装质量热线：(010)81055316
反盗版热线：(010)81055315
广告经营许可证：京东市监广登字20170147号

作为一款移动端视频剪辑软件，剪映诞生的初衷是为了降低创作门槛，让每一个用户都可以参与创作，轻松记录身边的美好生活。剪映是抖音短视频平台主推的移动端视频剪辑软件，它与抖音之间形成了良好的内容生态循环链，激励了许多抖音创作者投身其中。

如今，短视频行业仍处于风口期，新的创作者和内容层出不穷。要想从中脱颖而出并赚取红利，除了要掌握视频的制作和后期处理操作方法，创作者们还务必要了解和掌握"爆款"内容的创作规律。

本书特色

解决实际问题： 本书站在初学者的角度，详细介绍了剪映这款剪辑软件的使用方法，通过基础理论介绍和图文并茂的技术指导，帮助读者解决视频剪辑、调色，以及特效、音频和字幕的添加等诸多技术难题。

实操技术指导： 本书提供多个短视频后期编辑指导案例。读者不仅可以按照步骤制作视频，还可以扫描书中二维码观看视频讲解。

语言浅显易懂： 本书采用简单明了的语言进行编写，拒绝深奥、复杂的理论，能帮助读者快速代入，掌握全书的讲解节奏。此外，书中穿插提供了相应的内容提示，对已有的内容进行延伸讲解，对一些不好理解的概念进行详细剖析。

内容框架

本书基于当下热门的短视频剪辑软件"剪映"进行编写，对短视频素材剪辑、音频处理、视频特效应用，以及短视频后期的传播、运营和变现等内容进行了详细讲解。

全书共分为7章，具体内容框架如下所述。

第1章 抖音剪辑"神器"：介绍了剪映的特色功能、工作界面，以及使用抖音账号登录剪映、将剪映视频上传至抖音平台等基本知识点。

第2章 轻松剪出美好生活：主要讲解了在剪映中进行素材处理、视频画面调整、背景画布设置，以及视频设置与管理等内容。

第3章 巧用后期增光添彩：详细介绍了在剪映中进行画面调色、应用素材库、添加视频转场效果，以及添加和调整图形蒙版等操作。

第4章 打造专属音乐节奏：主要讲解了在剪映中进行音频处理的各类操作及技巧，包括音乐库的应用、音频素材的处理、音频的录制、音频的变速和变声，以及音乐的手动踩点和自动踩点等内容。

第5章 选用特效增添乐趣：为读者介绍了在剪映中为剪辑项目添加动画贴纸、创建字幕及动画、应用不同类别视频特效、人物面部美化处理、应用视频模板等内容。

第6章 平台的发布与共享：主要介绍了短视频平台发布及共享的相关知识，内容包括视频发布平台的选择，以及视频发布的规则及误区等。

第7章 短视频运营怎么做：主要介绍了短视频运营的相关操作，内容包括视频变现的多种模式、平台的搭建与管理、粉丝及数据的运营等。

版面设计

为了达到读者可以轻松自学并深入了解剪映操作技巧的目的，本书在版面结构的设计上尽量做到简单明了，包括提供"技术指导"和"提示"等，如下图所示。

技术指导：书中提供了25个技术指导内容，可以让读者在学完章节内容后通过实际操作强化所学知识。同时，每个技术指导均提供了手机实录的教学视频，可供读者学习参考。

提示：针对剪映中的难点以及视频制作过程中的技巧进行重点讲解。

适合的读者

本书适合广大短视频爱好者阅读，也适合想要借助短视频进行商业推广和品牌运营的人员阅读。

致谢

本书由麓山文化团队编写，甘蓉晖担任主要编写工作。在本书的写作过程中，编者得到了各位视频博主的帮助，特此致谢。

编者

2020年8月

资源与支持

本书由"数艺设"出品，"数艺设"社区平台（www.shuyishe.com）为您提供后续服务。

配套资源

- 全部案例的素材文件和效果文件。
- 全部案例的在线教学视频。

资源获取请扫码

"数艺设"社区平台，为艺术设计从业者提供专业的教育产品。

与我们联系

我们的联系邮箱是szys@ptpress.com.cn。如果您对本书有任何疑问或建议，请您发邮件给我们，并请在邮件标题中注明本书书名及ISBN，以便我们更高效地做出反馈。

如果您有兴趣出版图书、录制教学课程，或者参与技术审校等工作，可以发邮件给我们；有意出版图书的作者也可以到"数艺设"社区平台在线投稿（直接访问www.shuyishe.com即可）。如果学校、培训机构或企业想批量购买本书或"数艺设"出版的其他图书，也可以发邮件联系我们。

如果您在网上发现针对"数艺设"出品图书的各种形式的盗版行为，包括对图书全部或部分内容的非授权传播，请您将怀疑有侵权行为的链接通过邮件发给我们。您的这一举动是对作者权益的保护，也是我们持续为您提供有价值的内容的动力之源。

关于"数艺设"

人民邮电出版社有限公司旗下品牌"数艺设"，专注于专业艺术设计类图书出版，为艺术设计从业者提供专业的图书、U书、课程等教育产品。出版领域涉及平面、三维、影视、摄影与后期等数字艺术门类，字体设计、品牌设计、色彩设计等设计理论与应用门类，UI设计、电商设计、新媒体设计、游戏设计、交互设计、原型设计等互联网设计门类，环艺设计手绘、插画设计手绘、工业设计手绘等设计手绘门类。更多服务请访问"数艺设"社区平台www.shuyishe.com。我们将提供及时、准确、专业的学习服务。

目录

目 录

第6章 平台的发布与共享

第7章 短视频运营怎么做

第 **1** 章

抖音剪辑"神器"

随着短视频的流行，手机应用商店中各类视频剪辑应用层出不穷，一个好用的视频编辑软件成了许多资深短视频用户的"装机必备"。随着用户剪辑需求的不断上升，一款优质的视频剪辑App不仅要具备强大的视频编辑处理功能，软件自身的操作还不能过于复杂。

作为抖音推出的剪辑工具，剪映可以说是一款非常适用于视频创作新手的剪辑"神器"，它操作简单且功能强大，同时与抖音的衔接应用也是深受广大用户所喜爱的原因之一。

1.1 剪映：简单好用的剪辑工具

短视频的拍摄与上传非常讲求时效性，对于许多非专业短视频创作者来说，要用专业的设备完成视频的拍摄和处理工作，是一件费时费力的事情。一些追求时效性和轻量化的短视频创作者更希望使用一台手机就能完成拍摄、编辑、分享、管理等一系列工作，而剪映恰好能满足他们的这一需求。

1.1.1 特色功能介绍

剪映是深圳市脸萌科技有限公司于2019年5月推出的一款视频剪辑应用。随着每一次的更新升级，它的剪辑功能逐步完善，操作也变得越来越简洁。图1-1所示为剪映推出的特色功能宣传海报。

图1-1

下面为大家介绍剪映的一些特色功能，之后的章节会对各项功能的具体操作进行详细讲解。

- 视频切割：支持用户自由选择素材片段并进行分割操作。
- 视频变速：可以对视频、音频、动画素材进行变速处理，支持0.2倍至4倍变速，节奏快慢自由掌控。
- 视频倒放：拥有趣味的视频倒放功能，帮助用户轻松营造时光倒流效果。
- 比例画布：支持用户自由变换视频比例大小及颜色。
- 特效转场：可为视频添加叠化、闪黑、运镜等多种转场效果。
- 贴纸文本：提供独家设计手绘贴纸和风格化字体、字幕，帮助用户打造个性化视频效果。
- 独家曲库：抖音独家曲库，海量音乐令视频更加"声"动。
- 美颜滤镜：智能识别脸型，定制独家专属美颜方案；多种高级专业的风格滤镜和调色选项，拯救视频色彩，让视频不再单调。

● 同款剪辑：火爆短视频一键"剪同款"，轻松帮助新手用户做出"大片"效果。

● 自动踩点：根据音乐旋律和节拍，自动对视频进行标记，用户可以根据标记轻松地剪辑出极具节奏感的卡点视频。

1.1.2 下载与安装剪映

下载与安装剪映的方法非常简单，用户只需要在手机应用商店中搜索"剪映"并安装即可。下面分别以Android系统和iOS系统为例，为大家演示下载和安装剪映的方法。

1. Android 系统手机

首次安装剪映，用户需要打开手机"应用市场"，如图1-2所示。

图 1-2

进入"应用市场"后，在搜索栏中输入"剪映"，点击搜索到的应用，打开应用详情页，可查看应用信息，点击"安装"按钮，根据提示操作即可完成剪映的安装，如图1-3~图1-5所示。安装完成后可在桌面找到该应用。

图1-3

图1-4

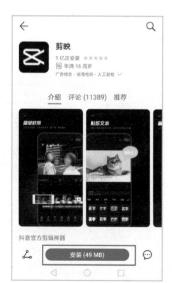

图1-5

手机应用的安装方法大同小异，部分Android系统手机中的安装过程可能略有不同，上述安装方法仅供参考，请以实际操作为准。

2. iOS系统手机

打开手机中的"App Store"，切换到搜索界面，在搜索栏中输入"剪映"，如图1-6~图1-8所示。

图1-6	图1-7	图1-8

搜索到应用后，可直接点击应用旁的"获取"按钮进行下载安装，如图1-9所示；也可以进入应用详情页，在其中点击"获取"按钮进行下载安装，如图1-10所示。完成安装后可在桌面找到该应用，如图1-11所示。

图1-9	图1-10	图1-11

1.1.3 认识工作界面

剪映的工作界面非常简洁明了,各工具按钮下方附有相关文字,用户可以对照文字轻松地管理和制作视频。下面将剪映的工作界面分为"主界面"和"编辑界面"两个部分分别进行介绍。

1. 主界面

打开剪映,首先映入眼帘的是主界面,如图1-12所示。通过点击界面底部的"剪辑" ✂ 、"剪同款" ▣ 、"消息" ♀ 和"我的" ♀ 按钮,可以切换至对应的功能界面。

图 1-12

2. 编辑界面

在主界面中点击"开始创作"按钮 ⊞ ,进入素材添加界面,在选择相应素材并点击"添加到项目"按钮后,即可进入视频编辑界面,如图 1-13 所示。

图 1-13

剪映的基础功能和其他视频剪辑软件类似，都具备视频剪辑，音频、贴纸、滤镜、特效添加，比例调整等功能。但相较于其他软件，剪映的功能更加全面且便捷，可以无损应用到抖音视频中。相较于其他视频剪辑软件，剪映更像是一个等待用户去挖掘的宝藏，需要用户不断琢磨和练习来实现更多特殊效果的制作。

 1.2 账号互联：轻松玩转抖音

剪映作为抖音主打的视频剪辑软件，支持用户使用抖音账号登录，充分体现了其与抖音之间的无缝对接。

1.2.1 使用抖音账号登录剪映

打开剪映，在主界面中点击"我的"按钮👤，将打开图1-14所示的账号登录界面，点击"抖音登录"按钮，在跳转的页面中完成授权后，即可使用抖音账号登录剪映，如图1-15所示。

图1-14

图1-15

 提示

当用户在图1-15所示的界面中点击"抖音主页"时，可以快速启动抖音短视频App。

1.2.2 将剪映视频上传至抖音

在剪映中完成视频项目的处理后，于视频编辑界面中点击"导出"按钮，可将视频保存到相册和草稿。导出完成后，剪映支持用户将视频"一键分享到抖音"，如图 1-16所示。

图1-16

在图1-16所示的界面中，点击"一键分享到抖音"按钮，可以跳转至抖音，此时可以在抖音中对视频进行二次加工处理，完成后上传发布即可，如图1-17~图1-19所示。

图1-17

图1-18

图1-19

1.2.3 查看并套用剪映模板短视频

在剪映主界面中，点击底部的"剪同款"按钮 ，跳转至相应界面后可以查看剪映中的各类模板短视频，如图1-20所示。点击视频缩略图可以展开视频进行播放预览，如图1-21所示。

图1-20　　　　　　　　　　　　图1-21

　　剪映与抖音有许多相似点，通过上下滑动可以翻看视频，视频画面右侧分布了创作者头像、点赞收藏、评论、分享等选项，点击创作者头像缩览图，可以进入创作者的剪映主页查看其发布的模板、教程等，如图1-22所示。在创作者的剪映主页中，用户可以通过点击"抖音主页"跳转至创作者的抖音主页，对于短视频创作者来说这是非常好的引流方式。

　　对于一些新手用户来说，剪映中的"剪同款"是一项十分高效和便捷的功能，当用户在剪映中浏览到喜欢的视频，想尝试做出同样的效果时，只需点击视频右下角的"剪同款"按钮，如图1-23所示。之后根据提示操作，即可轻松地套用模板，完成同款短视频的制作。

图1-22　　　　　　　　　　　　图1-23

1.3 小试牛刀：你的第一次剪辑

在开始后续章节的学习前，大家不妨先尝试一下在剪映中完成自己的第一次剪辑创作。

1.3.1 添加与处理素材

在完成剪映的下载安装后，用户可在手机桌面上找到对应的软件图标，点击该图标启动软件，进入主界面后，点击"开始创作"按钮即可新建剪辑项目。

步骤 01 打开剪映，在主界面点击"开始创作"按钮☐，如图1-24所示。

步骤 02 进入素材添加界面，选择"花"视频素材，然后点击"添加到项目"按钮，如图1-25所示。

图1-24

图1-25

步骤 03 此时会进入视频编辑界面，可以看到选择的素材被自动添加到了轨道区域，同时在预览区域可以查看视频画面效果，如图1-26所示。

步骤 04 在轨道区域中点击素材将其选中，然后向左滑动，将时间线定位到第15秒的位置，点击底部工具栏中的"分割"按钮☐，如图1-27所示。

步骤 05 完成素材分割后，选中时间线后方的素材片段，然后点击底部工具栏中的"删除"按钮☐，如图1-28所示，可将选中的素材片段删除。

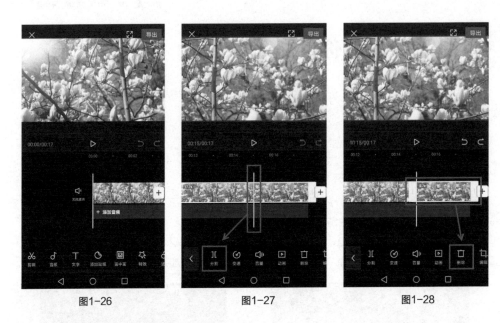

| 图1-26 | 图1-27 | 图1-28 |

1.3.2 添加动画效果

为了让视频效果更加丰富，可以尝试在视频中添加一些动画效果。

步骤 01 回到素材起始位置，在视频素材未被选中状态下，点击底部工具栏中的"特效"按钮 🌣，如图1-29所示。

步骤 02 打开特效选项栏后，在"基础"效果中点击"电影感"选项，如图1-30所示。完成操作后，点击选项栏右上角的 ✓ 按钮。

图1-29

图1-30

步骤 03 此时选择的特效自动添加到了轨道区域中，如图1-31所示。选中特效，然后按住特效尾部的 图标向右拖动，直到特效尾部和视频素材的尾部对齐，如图1-32所示。

图1-31　　　　　　　　　图1-32

1.3.3 添加滤镜效果

如果想要改善画面的颜色，可以尝试为素材添加一个滤镜效果，快速完成画面色调的调整。

步骤 01 在未选中素材的状态下，点击底部工具栏中的"滤镜"按钮 ，如图1-33所示。

步骤 02 进入滤镜选项栏后，选择其中的"仲夏"选项，并调整滤镜强度为80，如图1-34所示。完成后点击右下角的 按钮。

图1-33　　　　　　　　　图1-34

步骤 03 在轨道区域中选择"仲夏"滤镜，按住其尾部的 图标向右拖动，直到滤镜效果的尾部和视频素材的尾部对齐，如图1-35和图1-36所示。

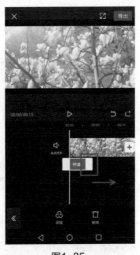

图1-35

图1-36

 提示

在完成滤镜效果的添加后，点击底部工具栏中的向左箭头按钮 ，可以返回上一级工具栏。

1.3.4 添加动画贴纸

进行到这一步，视频的画面看上去仍然比较单调，此时可以为视频添加字幕或动画贴纸，这样在强化画面效果的同时，还能增加一定的趣味性。

步骤01 将时间线定位到第2秒的位置，在未选中素材的状态下，点击底部工具栏中的"文字"按钮 ，在打开的选项栏中点击"添加贴纸"按钮 ，如图1-37和图1-38所示。

步骤02 在打开的贴纸选项栏中选择贴纸应用到素材中，如图1-39所示。完成操作后，点击 按钮。

图1-37

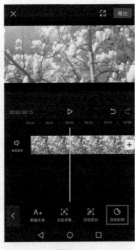

图1-38

图1-39

步骤03 在选中贴纸素材的情况下，点击底部工具栏中的"动画"按钮◎，如图1-40所示。

步骤04 在贴纸动画选项栏中，设置入场动画为"渐显"，并调整动画时长为0.8秒；设置出场动画为"缩小"，并调整动画时长为0.5秒，如图1-41和图1-42所示。完成贴纸动画的设置后，点击右下角的✔按钮。

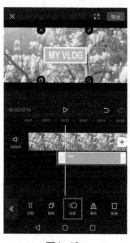 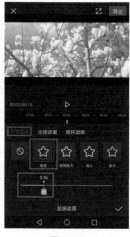 

图1-40　　　　　　　　　图1-41　　　　　　　　　图1-42

1.3.5 添加背景音乐

为了让视频效果更加完整，大家可以根据画面整体感觉来选择合适的背景音乐。此时的画面效果是比较柔和、明亮和清新的，为了更好地契合这种感觉，大家可以选取一首曲调舒缓的背景音乐，来强化画面的这种清新感。

步骤01 将时间线定位到视频起始位置，在未选中素材的状态下，点击底部工具栏中的"音频"按钮♪，如图1-43所示。

步骤02 在打开的音频选项栏中，点击"音乐"按钮♪，如图1-44所示。

图1-43　　　　　　　　　图1-44

步骤 03 进入剪映音乐素材库，可以看到不同的音乐类别，为了契合视频的整体感觉，可以尝试在"清新"分类中选择一曲舒缓的音乐，如图1-45和图1-46所示。

图1-45   图1-46

步骤 04 点击音乐名称右侧的"使用"按钮，即可将音乐添加到剪辑项目，如图1-47所示。

步骤 05 将时间线定位到视频素材的尾部，然后选中音乐素材，点击底部工具栏中的"分割"按钮 ，如图1-48所示。

图1-47   图1-48

步骤 06 完成素材的分割操作后，选中时间线后方的音乐素材，然后点击底部工具栏中的"删除"按钮 ，如图1-49所示，将多余的部分删除。

步骤 07 在轨道区域中，点击视频素材前方的"关闭原声"按钮 ，如图1-50所示。

图1-49

图1-50

 提示

在进行视频剪辑时，如果觉得视频素材中的原声影响了整体效果，可以通过点击"关闭原声"按钮将素材原声关闭，这样就不会产生音频过于混杂的情况了。

步骤 08　在轨道区域中选择音乐素材，点击底部工具栏中的"淡化"按钮，如图1-51所示。

步骤 09　进入淡化选项栏后，分别调整"淡入时长"和"淡出时长"均为1.6秒，如图1-52和图1-53所示。完成操作后，点击✔按钮。

图1-51

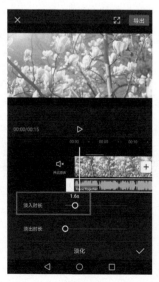
图1-52

图1-53

1.3.6 导出视频

完成所有的操作后，大家可以将剪辑项目导出。导出的视频通常会存储在用户的手机相册中，大家可以随时在相册中打开视频进行预览，或分享给亲朋好友共同观赏。

步骤 01 在视频编辑界面右上角点击"导出"按钮 导出 ，剪辑项目开始自动导出，在等待过程中不要锁屏或切换程序，导出完成后，视频将自动保存到相册和草稿，在输出完成界面中可以选择将视频分享至抖音，或点击"完成"退出界面，如图1-54~图1-56所示。

图1-54

图1-55

图1-56

步骤 02 在相册中，可以找到刚刚导出的视频进行预览和分享操作。本例最终完成效果如图1-57和图1-58所示。

图1-57

图1-58

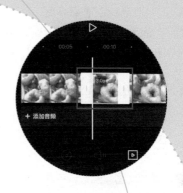

第 2 章

轻松剪出美好生活

　　影片的编辑工作是一个不断完善和精细化原始素材的过程，作为一个合格的视频创作者，大家要学会灵活运用各类视频编辑软件打磨出优秀的影片。本章就为大家介绍剪映的一系列基本编辑处理操作，帮助大家快速掌握各项视频剪辑技法，轻松剪出美好生活。

素材处理：细枝末节打好基础

如果将视频编辑工作看作是一个搭建房子的过程，那么素材则可以看作是修建房子的基石。大家在使用剪映进行视频编辑处理工作时的第一步，是要掌握素材的各项基本操作，例如，素材分割、时长调整、复制素材、删除素材、变速和替换等。

2.1.1 添加素材

剪映作为一款手机端应用，它与PC端常用的Premiere Pro、会声会影等剪辑软件有许多相似点，例如，在素材的轨道分布上同样做到了一个素材对应一个轨道。

打开剪映，在主界面点击"开始创作"按钮□，打开手机相册，用户可以在该界面中选择一个或多个视频或图像素材，完成选择后，点击底部的"添加到项目"按钮，如图2-1所示。进入视频编辑界面后，可以看到选择的素材分布在同一条轨道上，如图2-2所示。

图2-1

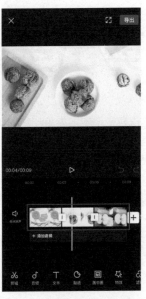

图2-2

 提示

在进行素材选择时，点击素材缩览图右下角的圆圈可以选中目标。若点击素材缩览图，则可以展开素材进行全屏预览。

在剪映中，用户除了可以添加手机相册中的视频和图像素材，还可以选择剪映素材库中的视频及图像素材，添加到项目中，如图2-3所示。关于素材库的具体应用，在之后的章节中将会为大家详细讲解。

图 2-3

一般情况下，用户通过点击 ⊞ 按钮添加的素材均会有序地衔接排列在同一轨道。若需要将素材添加至新的轨道，则可以通过"画中画"功能来实现。

1. 在同一轨道上添加素材

如果需要在同一轨道中添加新素材，则可以将时间线拖至一段素材上，然后点击轨道区域右侧的 ⊞ 按钮，如图2-4所示。接着在素材添加界面中选择需要的素材，点击"添加到项目"按钮，如图2-5所示。

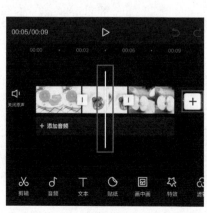

图2-4

图2-5

完成上述操作后，所选素材将自动添加至项目，并且会衔接在时间线停靠素材的后方（或前方），如图 2-6所示。

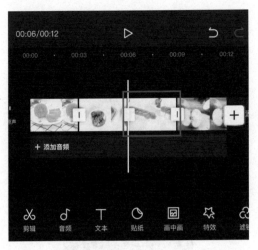

图2-6

 提示

在添加素材的过程中，若时间线停靠的位置靠近素材的前端，则新增素材会衔接在该段素材的前方；若时间线停靠的位置靠近素材的尾部，则新增素材会衔接在该段素材的后方。

2. 添加素材至不同轨道

如果需要将素材添加到不同的轨道中，则先拖动时间线来确定一个时间点，然后在未选中任何素材的情况下，点击底部工具栏中的"画中画"按钮圖，继续点击"新增画中画"按钮圃，如图2-7和图2-8所示。

图2-7

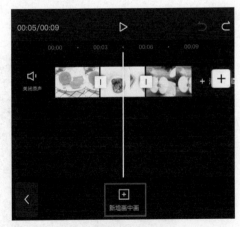

图2-8

接着在素材添加界面中选择需要的素材，点击"添加到项目"按钮，如图2-9所示。操作完成后，所选素材将自动添加至新轨道，并且会衔接在时间线后方，如图2-10所示。

图2-9　　　　　　　　　　　　　　　　　图2-10

 提示

　　当在同一时间点添加多个视频素材至不同轨道时，因为轨道显示区域有限，素材多会以气泡或彩色线条的形式出现在轨道区域，如图2-11和图2-12所示。在剪映中，不管是视频素材、图像素材、音频素材，还是文字素材，都可以分布至独立的轨道。当用户需要再次选择素材进行编辑时，可点击素材缩览气泡，或者在底部工具栏中点击相应的素材工具来激活素材。

图2-11　　　　　　　　　　　　　　　　　图2-12

2.1.2 分割视频素材

　　在剪映中分割素材的方法很简单，首先将时间线定位到需要进行分割的时间点，如图 2-13 所示。

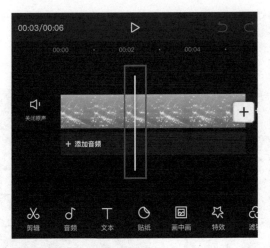

图 2-13

　　接着选中需要进行分割的素材，在底部工具栏中点击"分割"按钮 ，即可将选中的素材按时间线所在位置一分为二，如图2-14和图2-15所示。

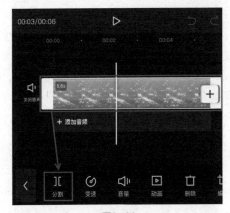

图2-14

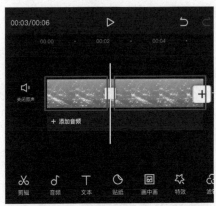

图2-15

技术指导：定格视频画面

扫码看视频

　　通过剪映中的"定格"功能，可以帮助用户将一段视频素材中的某一帧画面提取出来，并使其成为一段可以单独进行处理的图像素材。

步骤01 打开剪映，在主界面点击"开始创作"按钮 ，进入素材添加界面，选择"食物"视频素材，点击"添加到项目"按钮。

步骤02 进入视频编辑界面后，点击 按钮预览素材效果，如图2-16所示。

步骤03 通过预览素材确定定格时间点。在轨道区域中，双指相背滑动，将轨道区域放大，如图2-17所示。

图2-16 图2-17

 提示

　　在轨道区域中，双指背向滑动，可以将轨道区域放大；双指相向聚拢，则可以将轨道区域缩小。

步骤 04 将时间线拖至第8秒的第2帧位置，如图2-18所示，接下来将对该时间点的视频画面进行定格操作。

步骤 05 在轨道区域点击素材缩览图，将素材选中，接着在底部工具栏中点击"定格"按钮 ，如图2-19所示。

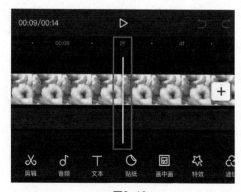

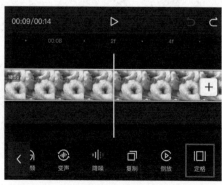

图2-18 图2-19

提示

在轨道区域的上方分布的是时间刻度，以图2-18为例说明，当轨道区域最大化显示时，时间刻度上的00:08表示的是第8秒，而之后的2f则表示的是第2帧。

步骤 06 此时，在时间线后方将生成一段时长为3秒的静帧画面，同时素材的总时长由原来的14秒变为了17秒，如图2-20所示。点击▷按钮可对素材画面进行预览，如图2-21所示。

图2-20

图2-21

提示

利用"定格"功能，可以方便大家对视频素材的特定画面进行提取。提取后的画面通常是一段时长为3秒的图像素材，因为提取后的素材是独立素材，大家可以对其进行各类常规编辑操作。

步骤 07 选中定格的素材片段，然后在底部工具栏中点击"滤镜"按钮，如图2-22所示。

步骤 08 进入滤镜选项栏后，点击"牛皮纸"滤镜，并调整滤镜的透明度为60，如图2-23所示。然后点击右下角的✓按钮。

图2-22

图2-23

步骤 09 完成所有操作后，点击视频编辑界面右上角的 导出 按钮，将视频导出到手机相册。最终的视频效果如图2-24和图2-25所示。

图2-24	图2-25

2.1.3 改变素材持续时间

在不改变素材片段播放速度的情况下，如果对素材的持续时间不满意，可以通过拖动素材的头部和尾部的图标，来改变素材的持续时间。在轨道区域中选中一段视频素材或照片素材后，可以在素材缩览图的左上角看到所选素材的时长，如图2-26所示。

图 2-26

在素材处于选中状态时，按住素材尾部的 图标向左拖动，可使片段在有效范围内缩短，同时素材的持续时间将变短，如图2-27所示；按住素材尾部的 图标向右拖动，可使片段在有效范围内延长，同时素材的持续时间将变长，如图2-28所示。

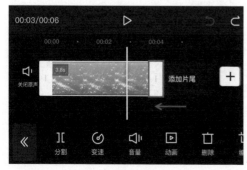
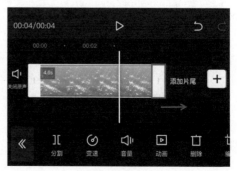

图2-27	图2-28

在素材处于选中状态时，按住素材头部的 图标向右拖动，可使片段在有效范围内缩短，同时素材的持续时间将变短，如图2-29所示；按住素材头部的 图标向左拖动，可使片段在有效范

围内延长，同时素材的持续时间将变长，如图2-30所示。

图2-29　　　　　　　　　　　　　　　　　　图2-30

 提示

　　在剪映中调整视频素材的持续时间时需要注意，无论是延长还是缩短素材都需要在有效范围内完成，即延长素材时不可以超过素材本身的时间长度，也不可以过度缩短素材。

2.1.4 调整素材顺序

　　视频的编辑工作主要是通过在一个视频项目中放入多个片段素材，然后通过片段重组，来形成一个完整的视频。当用户在同一个轨道中添加多段素材时，如果要调整其中两个片段的前后播放顺序，只需长按其中一段素材，将其拖动到另一段素材的前方或后方即可，如图2-31和图2-32所示。

图2-31　　　　　　　　　　　　　　　　　　图2-32

2.1.5 复制与删除素材

　　如果在视频编辑过程中需要多次使用同一个素材，通过多次素材导入操作势必是一件比较麻烦的事情，而通过素材复制操作，可以有效地节省工作时间。

在项目中导入一段素材，在该素材处于选中状态时，点击底部工具栏中的"复制"按钮 ⬜，可以得到一段同样的素材，如图2-33和图2-34所示。

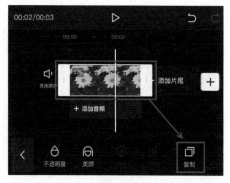
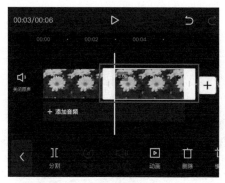

图2-33　　　　　　　　　　　　　　　　　图2-34

若在编辑过程中对某个素材的效果不满意，可以将该素材删除。在剪映中删除素材的操作非常简单，只需在轨道区域中选中素材，然后点击底部工具栏中的"删除"按钮 ⬜即可，如图2-35和图2-36所示。

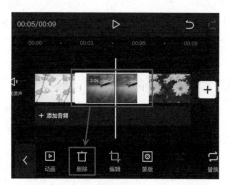
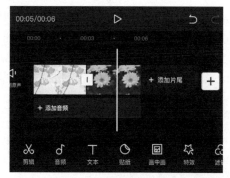

图2-35　　　　　　　　　　　　　　　　　图2-36

提示

若在视频编辑过程中误删了素材，则可以点击轨道右上角的"撤销"按钮 ⤺返回上一步操作。

2.1.6 实现视频变速

在制作短视频时，经常需要对素材片段进行一些变速处理，例如，使用一些快节奏音乐搭配快速镜头，可以使视频变得更加动感，让观众情不自禁地跟随画面和音乐摇摆；而使用慢速镜头搭配节奏轻缓的音乐，则可以使视频的节奏也变得舒缓，让人心情放松。

在剪映中，视频素材的播放速度是可以进行自由调节的，通过调节可以将视频片段的速度加快或变慢。在轨道区域中选中一段正常播速的视频片段（此时素材片段的时长为10.6秒），然后在底部工具栏中点击"变速"按钮 ⊘，如图2-37所示。此时可以看到底部工具栏中出现了两个变速选项，如图2-38所示。

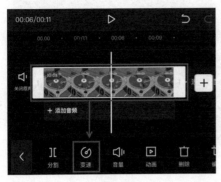
图2-37

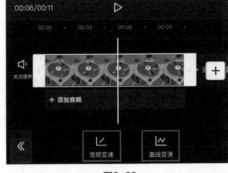
图2-38

1. 常规变速

点击"常规变速"按钮 ↙，可打开对应的变速选项栏，如图2-39所示。一般情况下，视频素材的原始倍速为1×，拖动变速按钮可以调整视频的播放速度。当倍数大于1×时，视频的播放速度将变快；当倍数小于1×时，视频的播放速度将变慢。

当用户拖动变速按钮时，上方会显示当前视频倍速，并且视频素材的左上角也会显示倍速，如图2-40所示。完成变速调整后，点击右下角的 ✔ 按钮即可实现视频变速。

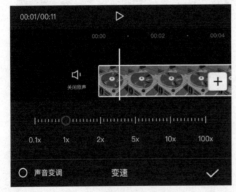
图2-39

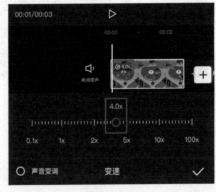
图2-40

提示

需要注意的是，当用户对素材进行常规变速操作时，素材的长度也会发生相应的变化。简单来说，就是当倍速增大时，视频的播放速度会变快，素材的持续时间会变短；当倍速减小时，视频的播放速度会变慢，素材的持续时间会变长。

2. 曲线变速

点击"曲线变速"按钮 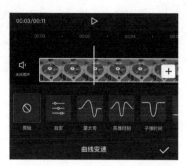，可打开对应的变速选项栏，如图2-41所示。在"曲线变速"选项栏中罗列了不同的变速曲线选项，包括原始、自定、蒙太奇、英雄时刻、子弹时间、跳接、闪进和闪出。

图 2-41

在"曲线变速"选项栏中，点击除"原始"选项外的任意一个变速曲线选项，可以实时预览变速效果。以"蒙太奇"选项为例，首次点击该选项按钮，将在预览区域中自动展示变速效果，此时可以看到"蒙太奇"选项按钮变为红色状态，如图2-42所示。再次点击该选项按钮，会进入曲线编辑面板，如图2-43所示，在这里可以看到曲线的起伏状态，左上角显示了应用该速度曲线后素材的时长变化。此外，用户可以对曲线中的各控制点进行拖动调整，以满足不同的播放速度要求。

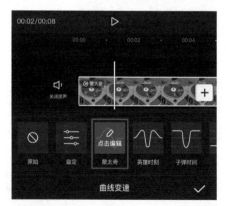

图2-42

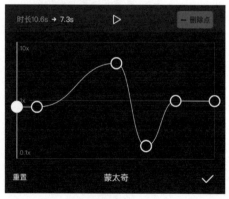

图2-43

2.1.7 调整画幅比例

画幅比例是用来描述画面宽度与高度关系的一组对比数值。对于视频来说，合适的画幅比例可以为观众带来更好的视觉体验；而对于视频创作者来说，合适的画幅比例可以改善构图，将信息准确地传递给观众，从而与观众建立更好的连接。

在剪映中，用户可以为视频素材应用多种画幅比例。在未选中素材的状态下，点击底部工具栏中的"比例"按钮 ▣，打开比例选项栏，在这里用户可以为视频项目设置合适的画幅比例，如图2-44和图2-45所示。

图2-44

图2-45

在比例选项栏中点击任意一个比例选项，即可在预览区域中看到相应的画面效果。如果没有特殊的视频制作要求，建议大家选择9∶16或16∶9这两种比例，如图2-46和图2-47所示，因为这两种比例更加符合一些常规短视频平台的上传要求。

图2-46

图2-47

技术指导：横屏视频变竖屏

扫码看视频

在许多主流手机社交媒体上比较流行竖屏视频（即9∶16画幅比例的视频），因为竖屏视频更加符合平台用户的观看习惯。在日常拍摄中，大家或许习惯于横着手机取景，这样拍出来的素材若直接上传至抖音，则会在画面上下产生黑边。接下来就为大家讲解如何将横屏视频转换为竖屏，并且去掉黑边效果。

步骤01 打开剪映，在主界面点击"开始创作"按钮+，进入素材添加界面，选择"背景"图像素材，点击"添加到项目"按钮，将素材添加至剪辑项目。

步骤02 进入视频编辑界面后，在未选中素材的情况下，点击底部工具栏中的"比例"按钮▣，打开比例选项栏，选择9∶16选项，然后在预览区域中通过双指缩放调整素材画面，使其适应画布大小，如图2-48所示。

步骤03 点击◀按钮返回上一级工具栏，将时间线移至起始位置，然后在未选中素材的情况下，点击底部工具栏中的"画中画"按钮▣，如图2-49所示。

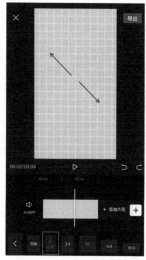

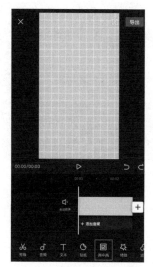

图2-48　　　　　　　　　　图2-49

步骤04 点击"新增画中画"按钮▣，进入素材添加界面，选择"自行车"视频素材，点击"添加到项目"按钮，将其添加至剪辑项目，如图2-50所示。

步骤05 选中"自行车"视频素材，在预览区域中调整素材画面至合适大小，如图2-51所示。

图2-50　　　　　　　　　　图2-51

步骤06 在轨道区域中，选中"背景"图像素材，然后按住素材尾部的▯图标向右拖动，使背景图像素材的尾部与"自行车"视频素材的尾部对齐，如图2-52所示。

步骤07 完成所有操作后，点击视频编辑界面右上角的 导出 按钮，将视频导出到手机相册。视频最终效果如图2-53所示。

图2-52

图2-53

提示

在剪映中将横屏视频变为竖屏的方法有很多，例如，添加背景画布、转换为三宫格视频，在之后的章节中将为大家详细介绍。

2.1.8 替换视频素材

替换素材是视频剪辑的一项必备技能，它能够帮助用户打造出更加符合心意的作品。在进行视频编辑处理时，如果用户对某个部分的画面效果不满意，若直接删除该素材，势必会对整个剪辑项目产生影响。想要在不影响剪辑项目的情况下换掉不满意的素材，可以通过剪映中的"替换"功能轻松实现。

在轨道区域中，选中需要进行替换的素材片段，在底部工具栏中点击"替换"按钮，如图2-54所示。接着进入素材添加界面，点击要替换成的素材，即可完成替换，如图2-55所示。

图2-54

图2-55

提示

　　如果替换的素材出现没有铺满画布的情况，可以选中素材，然后在预览区域中通过双指缩放，来调整画面大小。

2.2 画面调整：满足多重观看需求

　　视频编辑离不开画面调整这一环节，无论是专业用户还是非专业用户，难免会因为视频拍摄过程中突兀出现的边边角角而苦恼，这时候就需要通过一系列调整操作，来完善画面效果。

2.2.1 手动调整画面大小

　　在剪映中手动调整画面大小的方法非常简单，可以有效地帮助用户节省操作时间，具体的操作方法为：在轨道区域中选中素材，然后在预览区域中，通过双指开合来调整画面。双指背向滑动，可以将画面放大；双指相向滑动，则可以将画面缩小，如图2-56和图2-57所示。

图2-56

图2-57

2.2.2 旋转视频画面

　　在剪映中对画面进行旋转的方法有以下两种。

1. 手动旋转

　　这个方法与上面所讲的手动调整画面大小的方法类似，同样需要用户通过手指完成，具体的操作方法为：在轨道区域中选中素材，然后在预览区域中，通过双指旋转操控完成画面的旋转，双指的旋转方向对应画面的旋转方向，如图2-58和图2-59所示。

 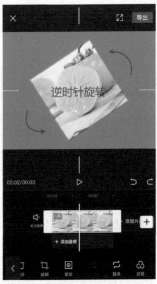

图2-58   图2-59

2. 使用"旋转"功能

通过双指旋转画面的同时，若调节不当，可能会造成画面大小的变化。要想在不改变画面大小的情况下进行旋转操作，可在轨道区域中选中素材，再点击底部工具栏中的"编辑"按钮，如图2-60所示。接着在编辑选项栏中点击"旋转"按钮，即可对画面进行顺时针旋转，且不会改变画面大小，如图2-61所示。

 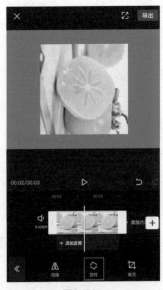

图2-60   图2-61

提示

　　相较于手动旋转操作来说，通过"旋转"功能旋转画面具有一定的局限性，只能对画面进行顺时针方向上的90°旋转。

2.2.3 裁剪视频尺寸

　　对于一些在拍摄时不知道如何构图取景的朋友来说，在视频编辑工作中，合理地裁剪视频尺寸可以起到"二次构图"的作用。例如，当后期处理时发现素材画面中元素太多，造成主体不明显，此时便可以通过裁剪功能，对画面中多余的对象进行"割舍"，使画面主体更加突出。

　　在轨道区域中选择一段素材，然后在底部工具栏中点击"编辑"按钮🗂，如图2-62所示。接着在编辑选项栏中点击"裁剪"按钮🗘，如图2-63所示。

图2-62　　　　　　　　　　　　　　　　图2-63

　　剪映中的"裁剪"功能包含了几种不同的裁剪模式，通过选择不同的比例选项，可以裁剪出不同的画面效果，如图2-64~图2-69所示。

图2-64　　　　　　　　　图2-65　　　　　　　　　图2-66

| 图2-67 | 图2-68 | 图2-69 |

　　用户在进行画面裁剪操作时，在"自由"模式下可通过拖动裁剪框的一角，将画面裁剪为任意比例大小；在其他模式下，也可以通过拖动裁剪框改变裁剪区域的大小，但裁剪比例不会发生改变。

　　在裁剪选项的上方分布的刻度线是用来调整画面旋转角度的，拖动滑块可使画面进行顺时针方向或逆时针方向的旋转。在完成画面的裁剪操作后，点击右下角的■按钮可保存操作；若不满意裁剪效果，可点击左下角的■■按钮。

图 2-70

2.2.4 使用"画中画"功能

　　在前面的章节中已经为大家简单介绍过剪映中的"画中画"功能，该功能可以让不同的素材出现在同一个画面，从而帮助大家制作出很多创意视频，例如，让一个人分饰两角，或是营造

"隔空"对唱、聊天的场景效果。

　　在平时观看视频时，大家可能会看到有些视频将画面分为好几个区域，或者划出一些不太规则的地方来播放其他视频，这在一些教学分析、游戏讲解类视频中非常常见，如图 2-71 所示。

图 2-71

技术指导：合成拍立得效果

扫码看视频

　　"画中画"，顾名思义就是使画面中再次出现一个画面，通过"画中画"功能不仅能使两个画面同步播放，还能实现简单的画面合成操作。

步骤 01　打开剪映，在主界面点击"开始创作"按钮 ⊞，进入素材添加界面，选择"背景"图像素材，点击"添加到项目"按钮，将素材添加至剪辑项目。

步骤 02　进入视频编辑界面后，在未选中素材的情况下，点击底部工具栏中的"画中画"按钮 ▣，然后点击"新增画中画"按钮 ⊞，如图2-72和图2-73所示。

图2-72

图2-73

步骤03 进入素材添加界面，选择"花朵"视频素材，点击"添加到项目"按钮，将其添加至剪辑项目，如图2-74所示。

步骤04 在轨道区域中，选中"背景"图像素材，然后按住素材尾部的█图标向右拖动，使背景图像素材尾部与"花朵"视频素材尾部对齐，如图2-75所示。

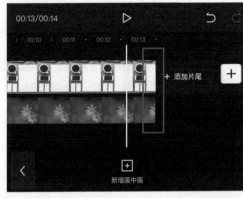

图2-74　　　　　　　　　　　　　　图2-75

步骤05 在轨道区域中，选中"花朵"视频素材，在底部工具栏中点击"编辑"按钮█，然后点击"裁剪"按钮█，进入裁剪界面，如图2-76所示。

步骤06 在"自由"模式下，拖动裁剪控制框对画面进行裁剪，并将裁剪区域移动到画面右侧，保留花朵部分，如图2-77所示，完成操作后点击右下角的█按钮。

图2-76　　　　　　　　　　　　　　图2-77

步骤 07 选中"花朵"视频素材，在预览区域中调整素材的摆放位置，如图2-78所示。

步骤 08 在选中"花朵"视频素材的状态下，点击底部工具栏中的"滤镜"按钮，在滤镜选项栏中选择"鲜亮"滤镜，如图2-79所示。

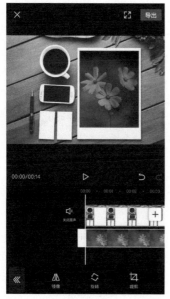

图2-78　　　　　　　　　　　　　　图2-79

步骤 09 完成所有操作后，点击视频编辑界面右上角的 导出 按钮，将视频导出到手机相册。视频效果如图2-80所示。

图2-80

2.2.5 画面镜像调整

通过剪映中的"镜像"功能，可以轻松地将素材画面进行翻转。对素材进行镜像操作的方法很简单，在轨道区域中选中素材，然后在底部工具栏中点击"编辑"按钮，接着在编辑选项栏中点击"镜像"按钮，即可将素材画面进行镜像翻转，如图2-81和图2-82所示。

图2-81 图2-82

技术指导：打造空间倒置特效

下面将为大家讲解使用剪映打造空间倒置特效的操作方法。制作该效果，需要重点掌握编辑选项栏中"镜像""旋转"和"裁剪"三个功能的结合使用。

扫码看视频

步骤01 打开剪映，在主界面点击"开始创作"按钮⊞，进入素材添加界面，选择"城市"图像素材，点击"添加到项目"按钮，将素材添加至剪辑项目。

步骤02 进入编辑界面后，在轨道区域中选中"城市"图像素材，然后在预览区域中，将素材向下适当拖动一些距离，如图2-83和图2-84所示。

图2-83 图2-84

步骤 03 在未选中素材的情况下，点击底部工具栏中的"画中画"按钮▣，然后点击"新增画中画"按钮⊞，进入素材添加界面，再次选择"城市"图像素材，点击"添加到项目"按钮，将其添加至剪辑项目，如图2-85所示。

步骤 04 在预览区域中，通过双指缩放调整素材画面，使其适应画布大小，如图2-86所示。

图2-85　　　　　　　　　　　图2-86

步骤 05 选中第二次添加的"城市"图像素材，在底部工具栏中点击"编辑"按钮▣，然后在编辑选项栏中点击两次"旋转"按钮◇，将画面倒置，如图2-87所示。

步骤 06 在编辑选项栏中，继续点击"镜像"按钮⚠，将画面翻转，如图2-88所示。

图2-87　　　　　　　　　　　图2-88

步骤 07 在编辑选项栏中，继续点击"裁剪"按钮▣，进入裁剪界面，在"自由"模式下，拖动裁剪控制框对画面进行裁剪，如图2-89所示，完成操作后点击右下角的 ✓ 按钮，此时得到的画面效果如图2-90所示。

图2-89　　　　　　　　　　　　　　图2-90

步骤08 在预览区域中，将被裁剪的对象向上拖动，调整到合适位置，使两个画面较好地拼合在一起，如图2-91所示。

步骤09 在未选中素材的状态下，点击底部工具栏中的"贴纸"按钮 ◐，在打开的贴纸选项栏中选择一款贴纸，并将其调整到合适的大小及位置，如图2-92所示，完成操作后点击 ✓ 按钮。

图2-91　　　　　　　　　　　　　　图2-92

步骤10 完成所有操作后，点击视频编辑界面右上角的 导出 按钮，将视频导出到手机相册。视频效果如图2-93和图2-94所示。

图2-93

图2-94

2.2.6 调整画面混合模式

在剪辑项目中，若在同一时间点的不同轨道中添加了两组视频或图像素材，此时通过调整画面的混合模式，可以营造出一些特殊的画面效果。

在剪映中调整画面混合模式的方法很简单，首先，用户需要在创建项目时添加一段素材，如图2-95所示。接着，在未选中素材的状态下，点击底部工具栏中的"画中画"按钮回，然后点击"新增画中画"按钮回，进入素材添加界面，选择第2段素材，将其添加到新的轨道，如图2-96所示。

图2-95

图2-96

在选中新添加素材的状态下，通过双指缩放在预览区域中调整素材画面大小，完成调整后点击底部工具栏中的"混合模式"按钮回，如图2-97所示。进入混合模式选项栏，在其中可以点击任意效果将其应用到画面，如图2-98所示。

图2-97   图2-98

 提示

在选择一种混合效果后，点击✓按钮可保存操作；通过拖动上方的"不透明度"滑块，可以调整混合程度。需要注意的是，混合模式在选择主轨道素材时无法启用。由于篇幅原因，这里不再对混合模式的各个效果进行详细讲解，大家可以在实际制作时多加应用尝试。

2.2.7 添加动画效果

剪映为用户提供了旋转、伸缩、回弹、形变、拉镜、抖动等众多动画效果，用户在完成画面的基本调整后，如果觉得画面效果仍旧比较单调，可以尝试为素材添加动画效果来起到丰富画面的作用。

在轨道区域中选择一段素材，然后在底部工具栏中点击"动画"按钮▶，进入动画选项栏，在其中可以点击任意效果将其应用到画面，如图2-99和图2-100所示。

图2-99   图2-100

提示

在选中动画效果后，可以调整效果上方的"动画时长"滑块，来改变动画的持续时间。

2.3 背景画布：让画面不再单调

在进行视频编辑工作时，若素材画面没有铺满画布，势必会对视频观感造成影响。在剪映中，用户可以通过"背景"功能来添加彩色画布、模糊画布或自定义图案画布，以达到丰富画面效果的目的。

2.3.1 添加彩色画布背景

在剪辑项目中添加一个横画幅图像素材，在未选中素材的状态下，点击底部工具栏中的"比例"按钮▢，如图2-101所示。打开比例选项栏，选择9∶16选项，如图2-102所示。

图2-101

图2-102

由于画面比例发生改变，素材画面出现了未铺满画布的情况，上下均出现黑边，这其实是非常影响观感的。若此时在预览区域将素材画面放大，使其铺满画布，则会造成画面内容的缺失，如图2-103所示。

要想在不丢失画面内容的情况下使画布被铺满，可进行如下操作：在未选中素材的状态下，点击底部工具栏中的"背景"按钮▨，如图2-104所示。

图2-103　　　　　　　　　图2-104

　　打开背景选项栏，点击"画布颜色"按钮，如图2-105所示。接着，在打开的"画布颜色"选项栏中点击任意颜色，即可应用到画布，如图2-106所示，完成操作后点击右下角的✓按钮即可。

图2-105　　　　　　　　　图2-106

提示

　　若想为所有素材统一设置画布颜色，则在选择颜色后，点击"应用到全部"按钮。

2.3.2　应用画布样式

　　在剪映中，用户除了可以为素材设置纯色画布，还可以应用画布样式营造个性化视频效果。

应用画布样式的方法很简单，在未选中素材的状态下，点击底部工具栏中的"背景"按钮🔲，如图2-107所示。接着在打开的背景选项栏中点击"画布样式"按钮🖼，如图2-108所示。

图2-107

图2-108

在打开的"画布样式"选项栏中点击任意一种样式，即可应用到画布，如图2-109所示。若用户对剪映内置的画布样式效果不满意，可在"画布样式"选项栏中点击图2-110所示的按钮，在打开的相册列表中选择所需图像应用到项目。

图2-109

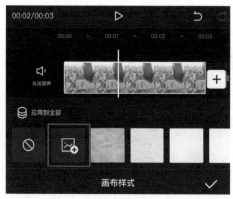

图2-110

提示

若不需要应用画布样式效果，在"画布样式"选项栏中点击◎按钮即可。

2.3.3 设置模糊画布

前面为大家介绍的两类背景画布均为静态效果。若用户在添加了视频素材后，想让画布背景跟随画面产生动态效果，则可以通过设置模糊画布来起到丰富画面、增强画面动感的作用。

在剪映中添加一段视频素材，在未选中素材的状态下，点击底部工具栏中的"背景"按钮◩，如图2-111所示。接着在打开的背景选项栏中点击"画布模糊"按钮◑，如图2-112所示。在打开的"画布模糊"选项栏中，可以看到剪映为用户提供了4种不同程度的模糊画布效果，点击任意一个效果即可将其应用到项目，如图2-113所示。

图2-111

图2-112

图2-113

2.4 视频设置与管理：画面清晰是重点

为了更好地展开视频编辑工作，在剪辑前大家可以先熟悉一下剪映的各项剪辑参数设置，以及剪辑草稿和模板草稿的管理操作。

2.4.1 设置视频分辨率

打开剪映，点击主界面右上角的◎按钮，可以进入设置界面，在其中可以对输出视频的分辨率进行选择，包括1080p（超清）和720p（高清）这两种主流分辨率，如图2-114和图2-115所示。

图2-114 　　　　　　　　　　　图2-115

2.4.2 添加与去除片尾

　　在剪映中，用户可以选择自动添加片尾或手动添加片尾，添加片尾可以让作品看上去更加完整，同时片尾下方通常会贴上用户的剪映号，方便用户转发传播自己的作品。图2-116所示为剪映片尾效果。

图 2-116

　　点击主界面右上角的 ⚙ 按钮，进入设置界面，点击"自动添加片尾"选项后的按钮可切换状态，如图2-117所示，红色状态时代表此时创建新的剪辑项目，将会自动添加片尾。若需要关闭该功能，则点击"自动添加片尾"选项后的按钮进行状态切换，此时将弹出提示框，如图2-118所示，根据需要进行选择即可。

图2-117 　　　　　　　　　　　图2-118

在进行视频编辑的过程中，若用户想为剪辑项目添加一个片尾，则可以在轨道区域点击"添加片尾"按钮，如图2-119所示，一键完成片尾的添加；若想删除片尾，则可以选中片尾素材，然后点击底部工具栏中的"删除"按钮进行删除，如图2-120所示。

图2-119

图2-120

2.4.3 去除"剪同款"水印

当用户在剪映中使用"剪同款"功能中的视频模板时，画面的右上角可能会出现剪映专属的水印，如图 2-121所示。

图 2-121

如果不希望剪辑的同款视频中出现水印，大家可以尝试通过以下两种方法去除水印。

第一种方法是，点击主界面右上角的按钮，进入设置界面，点击"剪同款水印"选项后的按钮来切换状态，如图2-122所示。

第二种方法是，在视频剪辑完成后，点击"导出"按钮将视频导出，此时会出现底部弹窗，点击"无水印保存并分享"按钮，如图2-123所示，这样导出的视频中将不会出现水印。

图2-122

图2-123

2.4.4 管理剪辑草稿

在关闭剪辑项目后，项目通常会自动存储在主界面的"剪辑草稿"中，以方便用户日后随时进行修改和调用。在"剪辑草稿"中，点击草稿后的按钮，可以在底部弹窗中选择对草稿进行重命名、复制和删除操作，如图2-124所示；点击"管理"按钮，则可以批量选择草稿进行删除，如图2-125所示。

图2-124

图2-125

2.4.5 管理模板草稿

在使用"剪同款"功能中的视频模板后，用户同样可以选择将剪辑项目保存为草稿，此时保存的草稿将存储在主界面的"模板草稿"中，如图 2-126所示。

图 2-126

管理"模板草稿"的方法与管理"剪辑草稿"的方法相同：点击草稿后的▪▪▪按钮，可以在打开的底部弹窗中选择对草稿进行重命名、复制和删除操作，如图2-127所示；点击"管理"按钮，则可以批量选择草稿进行删除，如图2-128所示。

图2-127

图2-128

第 **3** 章

巧用后期增光添彩

对于一些热衷于在社交平台分享生活的朋友来说，他们可能会有这样的烦恼：看到朋友圈里大家都在发好看的视频，自己也想和亲朋好友们分享日常生活中有趣的事物，但无奈自己拍摄的视频颜色暗淡，画面单调且毫无美感，分享出去无人点赞。

如今智能手机和各类App遍地开花，人们的审美水平日益提高，单凭摄像头拍出的未加修饰的视频确实很难引起别人的兴趣。对于不怎么擅长拍摄的朋友来说，即使拍不出优质素材，也可以利用后期软件进行修饰处理，使画面更加出彩。

画面调色：快速奠定画面风格

调色是视频编辑时不可或缺的一项调整操作，画面颜色在一定程度上能决定作品的好坏。在观看一些影视作品时，大家应该也能明显地感受到不同的画面色调所传递出来的情感。对于影视作品来说，与作品主题相匹配的色彩能很好地传达作品的主旨思想。

3.1.1 使用视频滤镜

滤镜可以说是如今各大视频编辑App的必备"亮点"，通过为素材添加滤镜，可以很好地掩盖拍摄造成的缺陷，并且可以使画面更加生动、绚丽。剪映为用户提供了数十种视频滤镜特效，合理运用这些滤镜效果，可以模拟各种艺术效果，并对素材进行美化，从而使视频作品更加引人瞩目。

在剪映中，用户可以将滤镜应用到单个素材，也可以将滤镜作为独立的一段素材应用到某一段时间。下面分别进行讲解。

1. 将滤镜应用到单个素材

在轨道区域中，选择一段视频素材，然后点击底部工具栏中的"滤镜"按钮，如图3-1所示，进入滤镜选项栏，在其中点击一款滤镜效果，即可将其应用到所选素材，通过上方的调节滑块可以改变滤镜的强度，如图3-2所示。

图3-1　　　　　　　　　　图3-2

完成操作后点击右下角的✓按钮，此时的滤镜效果仅添加给了选中的素材。若需要将滤镜效果同时应用到其他素材，可在选择滤镜效果后点击"应用到全部"按钮。

2. 将滤镜应用到某一段时间

　　在未选中素材的状态下，点击底部工具栏中的"滤镜"按钮🎨，如图3-3所示，进入滤镜选项栏，在其中点击一款滤镜效果，如图3-4所示。

图3-3

图3-4

　　完成滤镜的选取后，点击右下角的✅按钮，此时轨道区域将生成一段可调整时长和位置的滤镜素材，如图3-5所示。调整滤镜素材的方法与调整音视频素材的方法一致，按住素材前后的▯图标拖动，可以对素材持续时长进行调整；选中素材前后拖动即可改变素材需要应用的时间段，如图3-6所示。

图3-5

图3-6

3.1.2 画面色彩调节选项

在剪映中，大家除了可以运用滤镜效果改善画面色调，还可以通过手动调整亮度、对比度、饱和度等色彩参数，进一步营造自己想要的画面效果。与添加滤镜效果的方法一样，用户可以选中一段视频素材，然后点击底部工具栏中的"调节"按钮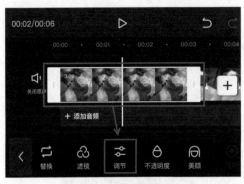，打开调节选项栏对选中的素材进行色彩调整，如图3-7和图3-8所示。

图3-7

图3-8

在未选中素材的状态下，点击底部工具栏中的"调节"按钮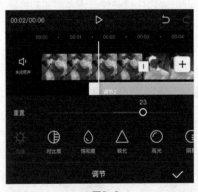，进入调节选项栏对某一调节选项进行调整，即可在轨道区域中生成一段可调整时长和位置的色彩调节素材，如图3-9和图3-10所示。

图3-9

图3-10

调节选项栏中包含了"亮度""对比度""饱和度"和"色温"等色彩调节选项，下面进行具体介绍。

● 亮度：用于调整画面的明亮程度。数值越大，画面越明亮。

● 对比度：用于调整画面黑与白的比值。数值越大，从黑到白的渐变层次就越多，色彩的表现也会更加丰富。

● 饱和度：用于调整画面色彩的鲜艳程度。数值越大，画面饱和度越高，画面色彩就越鲜艳。

● 锐化：用来调整画面的锐化程度。数值越大，画面细节越丰富。

- 高光/阴影：用来改善画面中的高光或阴影部分。
- 色温：用来调整画面中色彩的冷暖倾向。数值越大，画面越偏向于暖色；数值越小，画面越偏向于冷色。
- 色调：用来调整画面中颜色的倾向。
- 褪色：用来调整画面中颜色的附着程度。

技术指导：风景视频调色

在日常拍摄时，由于天气、光线等外界因素，拍摄的风景视频可能会出现画面暗沉、没有亮点的情况，针对这种情况，大家可以尝试通过调色处理，将不起眼的影片加以包装美化。下面就为大家讲解如何对风景视频进行调色处理。

步骤 01 打开剪映，在主界面点击"开始创作"按钮，进入素材添加界面，选择"沙滩"视频素材，点击"添加到项目"按钮。

步骤 02 进入视频编辑界面后，在轨道区域中选择视频素材，然后点击底部工具栏中的"调节"按钮，如图3-11所示。

步骤 03 进入调节选项栏，点击"亮度"按钮，并调整"亮度"数值为5，如图3-12所示。

图3-11

图3-12

步骤 04 在调节选项栏中，点击"对比度"按钮，并调整"对比度"数值为10，如图3-13所示。

步骤 05 在调节选项栏中，点击"饱和度"按钮，并调整"饱和度"数值为15，如图3-14所示。

图3-13 图3-14

步骤 06 在调节选项栏中，点击"锐化"按钮△，并调整"锐化"数值为35，如图3-15所示。

步骤 07 在调节选项栏中，点击"褪色"按钮◉，并调整"褪色"数值为15，如图3-16所示。

图3-15 图3-16

步骤 08 完成调色操作后，点击右下角的✔按钮保存操作。在未选中素材的状态下，点击底部工具栏中的"比例"按钮▣，打开比例选项栏，选择9：16选项，如图3-17所示。

步骤 09 在未选中素材的状态下，点击底部工具栏中的"背景"按钮▨，打开背景选项栏，点击"画布样式"按钮▩，在打开的"画布样式"选项栏中点击图3-18所示样式，将其应用到项目中。

图3-17   图3-18

步骤 10 将时间线定位到视频素材的起始位置，在未选中素材的情况下，点击底部工具栏中的"音频"按钮♪，在音频选项栏中点击"音乐"按钮◉，在音乐库中选择一曲较为舒缓的背景音乐，将其添加到项目，如图3-19~图3-21所示。

图3-19   图3-20   图3-21

步骤 11 在轨道区域中选择音乐素材，将时间线定位到视频素材的结尾处，然后点击底部工具栏中的"分割"按钮Ⅱ，对音乐素材进行分割。将时间线后多余的音乐素材选中并删除，仅保留与视频素材长度一致的背景音乐，并为其前后添加淡化效果，如图3-22所示。

步骤 12 将时间线定位到素材起始位置，在未选中素材的状态下，点击底部工具栏中的"音频"按钮♪，在音频选项栏中点击"音效"按钮◈，在打开的音效列表中选择"环绕音"选项中的"海面"音效，将其添加到剪辑项目，并为其前后添加淡化效果（适当降低音量），如图3-23和图3-24所示。

图3-22

图3-23

图3-24

步骤 13 完成所有操作后,点击视频编辑界面右上角的 [导出] 按钮,将视频导出到手机相册。最终视频效果如图3-25和图3-26所示。

图3-25   图3-26

3.2 素材库:营造眼前一亮的画面效果

在剪映的素材添加界面中,大家可以找到剪映内置的视频素材库,如图3-27所示,其中提供了"黑白场""插入动画""蒸汽波"和"时间片段"等不同类别的视频素材,通过灵活运用这些视频素材,可以帮助大家打造出更多丰富的视觉效果。

图 3-27

下面选取一些比较常用的素材类别为大家进行具体介绍。

3.2.1 黑白场

"黑白场"类别中包含了白场、黑场、透明这三项素材，如图3-28所示。这三种视频素材在视频剪辑过程中比较实用，当用户需要在剪辑项目中添加一些黑白底色时，可以在素材库中快速找到这类素材进行应用。

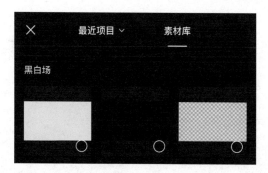

图 3-28

技术指导：制作黑底白字开场视频

下面为大家讲解在剪映中如何制作一个黑底白字开场视频，这类视频经常被用来表现一些搞笑段子，制作比较简单，主要使素材库中的黑场素材，并结合文字工具制作完成。

扫码看视频

步骤01 打开剪映，在主界面点击"开始创作"按钮➕，进入素材添加界面，在"素材库"中选择黑场素材，如图3-29所示，点击"添加到项目"按钮。

步骤02 进入视频编辑界面后，在未选中素材的情况下，点击底部工具栏中的"比例"按钮▣，打开比例选项栏，选择9∶16选项，如图3-30所示。

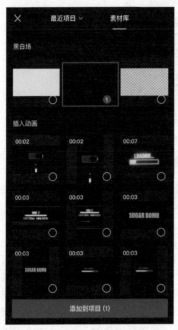

图3-29

图3-30

步骤03 将时间线定位到起始位置，在未选中素材的状态下，点击底部的"文本"按钮🅣，进入文本选项栏后，点击"新建文本"按钮🅐⁺，如图3-31和图3-32所示。

图3-31

图3-32

步骤04 弹出输入键盘，输入所需文字，然后点击☑按钮，创建的文本将自动添加到轨道区域。接着，在选中文本素材的状态下，点击底部工具栏中的"动画"按钮🄲，如图3-33所示。

步骤05 进入动画选项栏，在"入场动画"选项中选择"打字机Ⅰ"效果，并将动画时长延长至1.2秒，如图3-34所示，完成后点击☑按钮。

图3-33　　　　　　　　　　　　　　　　图3-34

步骤06 在选中文本素材的状态下，点击底部工具栏中的"文本朗读"按钮，如图3-35所示。等待片刻，音频将自动生成。

步骤07 此时预览视频会发现音频素材比视频素材的持续时间长，这时就需要对视频素材的持续时间进行适当调整。在轨道区域中选择黑场素材，按住素材尾部的图标向右拖动，将素材延长至3.8秒，如图3-36所示。

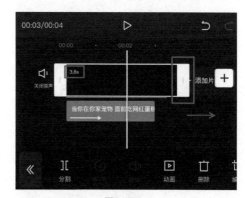

图3-35　　　　　　　　　　　　　　　　图3-36

步骤08 使用同样的方法，在轨道区域中选择文本素材，按住素材尾部的图标向右拖动，将素材进行延长，使其与音频素材的长度保持一致，如图3-37所示。

步骤09 完成上述操作后，在轨道区域中点击+按钮，如图3-38所示。

图3-37　　　　　　　　　　　　　　图3-38

　提示

在上述操作中生成的文本音频素材在轨道区域中显示为绿色直线状态。

步骤10 进入素材添加界面后，在"素材库"中选择图3-39所示视频素材，然后点击"添加到项目"按钮。

步骤11 此时选择的视频素材将自动添加到项目的轨道区域中，如图3-40所示。

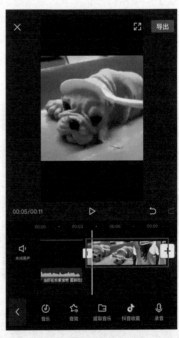

图3-39　　　　　　　　　　　　　　图3-40

步骤12 将时间线定位到起始位置，在未选中素材的状态下，点击底部工具栏中的"音频" 🎵 →"音效"按钮🎵，在音效列表中选择"机械"种类中的"打字声"音效，如图3-41和图3-42所示。

图3-41　　　　　　　　　　图3-42

步骤 13 将音效添加到项目后，预览视频会发现打字音效与文本动画有些不契合。在轨道区域中选择音效素材，按住素材头部的◁图标向右拖动，对素材进行适当裁剪（即裁剪掉音频前段没有声音的部分，使其与文字动画节奏一致），如图3-43所示。

步骤 14 完成上述操作后，将音频素材向前移动至起始位置，然后点击底部工具栏中的"复制"按钮▣，如图3-44所示。

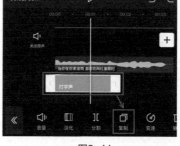

图3-43　　　　　　　　　　图3-44

步骤 15 完成上述操作后，复制的音频素材将衔接在前一段音频素材之后，如图3-45所示。

步骤 16 将时间线定位到第7秒第15帧位置，在未选中素材的状态下，点击底部工具栏中的"音频"♪→"音效"按钮🏠，在音效列表中选择"综艺"种类中的"疑问-啊？"音效，如图3-46所示。

图3-45　　　　　　　　　　图3-46

步骤 17 将时间线定位到第7秒第6帧位置，在未选中素材的状态下，点击底部工具栏中的"音频"♪→"音效"按钮🏠，在音效列表中选择"综艺"种类中的"紧张滑稽"音效，如图3-47所示。

步骤 18 在轨道区域中选择"紧张滑稽"音效，按住素材尾部的▯图标向左拖动，使素材尾部与上方的视频素材尾部对齐，如图3-48所示。

图3-47　　　　　　　　　　　　　　　　图3-48

步骤 19 最后，点击黑场素材与视频素材之间的▯按钮，在打开的转场选项栏中选择"基础转场"中的"闪黑"效果，如图3-49和图3-50所示。

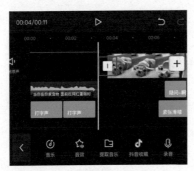

图3-49　　　　　　　　　　　　　　　　图3-50

步骤 20 完成所有操作后，点击视频编辑界面右上角的 导出 按钮，将视频导出到手机相册。最终视频效果如图3-51~图3-53所示。

图3-51　　　　　　　　图3-52　　　　　　　　图3-53

3.2.2 插入动画

"插入动画"类别中包含了进度条、彩条、雪花和倒计时等效果，如图3-54~图3-56所示。这类效果通常可以用在视频的开场或结尾处，可以为影片营造出酷炫和复古的感觉。

| 图3-54 | 图3-55 | 图3-56 |

3.2.3 蒸汽波

"蒸汽波"是赛博朋克（Cyberpunk）艺术风格的一种演变风格，是一种融合了复古、前卫和混合等视觉特征，以石膏雕塑、早期电脑界面、热带植物、动漫形象等元素，通过拼贴、解构和打码等手法进行创作的前卫设计风格。剪映素材库中的"蒸汽波"类别中，包含了众多梦幻又复古的动漫元素，如图3-57~图3-59所示。

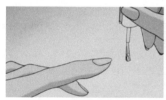

| 图3-57 | 图3-58 | 图3-59 |

3.2.4 时间片段

"时间片段"类别中包含了一些自带音频效果和英文字幕的过场视频，如图3-60~图3-62所示，这类视频在增添视频趣味性的同时，可以很好地体现时间概念。

| 图3-60 | 图3-61 | 图3-62 |

3.2.5 春节

"春节"类别中包含了烟花、放射粒子、数字倒计时等春节元素，如图3-63和图3-64所示，适合在制作一些新年祝福视频、年货展示视频时使用。

图3-63

图3-64

技术指导：制作年味小·视频

扫码看视频

每逢新春佳节，不少朋友都希望在第一时间为亲朋好友送去诚挚的祝福。随着短视频的兴起，大部分人开始尝试将单纯的文字祝福变为视频祝福，节日气息浓厚的画面配上新年音乐，能更直观地传递自己的心意。

步骤 01 打开剪映，在主界面点击"开始创作"按钮，进入素材添加界面，选择"新年背景"图像素材，点击"添加到项目"按钮。

步骤 02 进入视频编辑界面后，在未选中素材的情况下，点击底部工具栏中的"比例"按钮，打开比例选项栏，选择9：16选项，如图3-65所示。

步骤 03 在轨道区域中选择素材，按住素材尾部的图标向右拖动，将素材延长至8秒，如图3-66所示。

图3-65

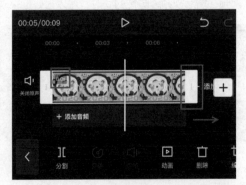

图3-66

步骤 04 在未选中素材的状态下，点击底部工具栏中的"背景"按钮，在打开的背景选项栏中点击"画布模糊"按钮，如图3-67所示。

步骤 05 进入"画布模糊"选项栏，选择图3-68所示模糊效果，将其应用至项目，完成后点击✅按钮。

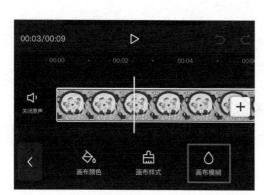

图3-67　　　　　　　　　　　　　　　图3-68

步骤 06 将时间线定位到起始位置，在轨道区域中选择图像素材，然后在底部工具栏中点击"动画"按钮▶，进入动画选项栏后点击"入场动画"按钮⬅，如图3-69所示。

步骤 07 在入场动画选项栏中选择"向右下甩入"动画，并设置动画时长为2秒，如图3-70所示，完成后点击✅按钮。

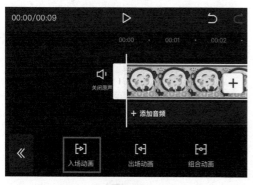

图3-69　　　　　　　　　　　　　　　图3-70

步骤 08 将时间线定位到第2秒位置，在未选中素材的状态下，点击底部工具栏中的"画中画"▣ → "新增画中画"按钮⊞，进入素材添加界面，在"素材库"中选择图3-71所示视频素材，然后点击"添加到项目"按钮。

步骤 09 在预览区域将上一步添加的视频素材适当放大，并放置在画面底部，然后在底部工具栏中点击"混合模式"按钮▣，如图3-72所示。

步骤 10 进入混合模式选项栏后，选择"滤色"混合模式，视频素材中的黑色将被去除，如图3-73所示。

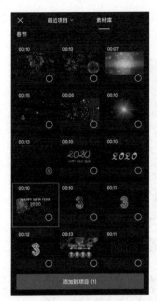

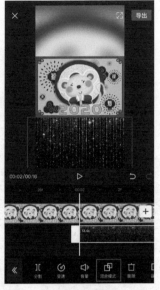

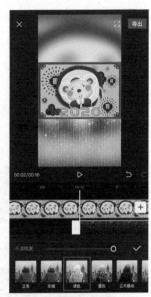

| 图3-71 | 图3-72 | 图3-73 |

步骤 11 选择上述操作中添加的视频素材，在底部工具栏中点击"动画"按钮，进入动画选项栏后点击"入场动画"按钮，如图3-74所示。

步骤 12 在入场动画选项栏中选择"渐显"动画，并设置动画时长为1.2秒，如图3-75所示，完成后点击按钮。

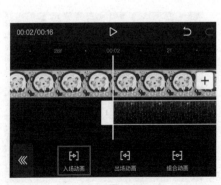

| 图3-74 | 图3-75 |

步骤 13 将时间线定位到起始位置，在未选中素材的状态下，点击底部工具栏中的"画中画"→"新增画中画"按钮，进入素材添加界面，在"素材库"中选择图3-76所示视频素材，然后点击"添加到项目"按钮。

步骤 14 将素材摆放至画面顶部，并调整到合适大小。接着，在底部工具栏中点击"混合模式"按钮，进入混合模式选项栏后，选择"滤色"混合模式，如图3-77所示。

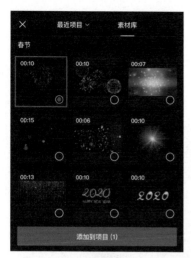

图3-76

图3-77

步骤15 完成上述操作后，画面顶部将产生烟花效果，如图3-78所示。

步骤16 将时间线定位到起始位置，在未选中素材的状态下，点击底部工具栏中的"贴纸"按钮，进入贴纸选项栏，选择图3-79所示贴纸效果，将其添加至项目，完成后点击✓按钮。

图3-78

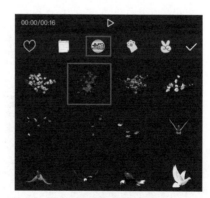

图3-79

步骤17 在选中贴纸素材的状态下，按住素材尾部的图标向右拖动，将素材延长，使其与"新年背景"素材的长度保持一致，并在预览区域中将贴纸素材调整至合适大小及位置，如图3-80所示。

步骤18 选中贴纸素材，在底部工具栏中点击"动画"按钮，进入贴纸动画选项栏后，设置"入场动画"为"渐显"，并调整动画时长为1秒，如图3-81所示，完成后点击✓按钮。

图3-80

图3-81

步骤 19 用上述同样的方法，在起始位置继续添加新的贴纸素材，并对贴纸素材的持续时长、位置、大小及动画进行相关设置，如图3-82和图3-83所示。

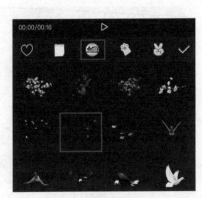

图3-82

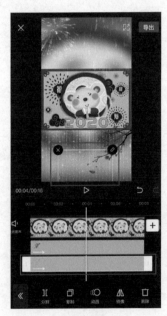

图3-83

步骤 20 将时间线定位到第2秒位置，在未选中素材的状态下，点击底部工具栏中的"贴纸"按钮█️，进入贴纸选项栏，选择图3-84所示贴纸效果，将其添加至项目，完成后点击☑️按钮。

步骤 21 在选中贴纸素材的状态下，按住素材尾部的█️图标向右拖动，将素材延长，使其与"新年背景"素材的尾部对齐，并在预览区域中将贴纸素材调整至合适大小及位置，如图3-85所示。

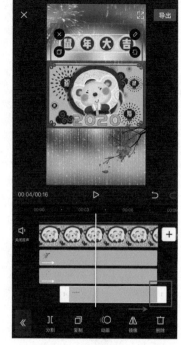

图3-84　　　　　　　　　　　　　　图3-85

步骤 22 选中贴纸素材，在底部工具栏中点击"动画"按钮 ，进入贴纸动画选项栏后，设置"入场动画"为"放大"，并调整动画时长为0.5秒，如图3-86所示，完成后点击 按钮。

步骤 23 将时间线定位到"新年背景"素材的结尾处，然后在轨道区域中选择烟花视频素材，点击底部工具栏中的"分割"按钮 ，如图3-87所示。

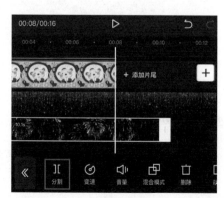

图3-86　　　　　　　　　　　　　　图3-87

步骤 24 完成素材的分割后，选择时间线后的素材，点击底部工具栏中的"删除"按钮 ，如图3-88所示，将时间线后多余的素材删除。

步骤 25 用同样的方法，对另一段视频素材进行分割，并选中时间线后多余的部分，点击底部工具栏中的"删除"按钮 ，将其删除，如图3-89所示。

图3-88

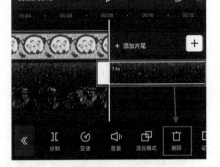
图3-89

步骤 26 完成所有操作后，在剪辑项目中添加合适的背景音乐。最后，点击视频编辑界面右上角的 **导出** 按钮，将视频导出到手机相册。最终视频效果如图3-90和图3-91所示。

图3-90

图3-91

提示

本例添加背景音乐的具体操作可翻阅本书第4章4.1.1小节内容。

3.3 添加转场：穿插在画面之间的小惊喜

视频转场也称为视频过渡或视频切换，使用转场效果可以使一个场景平缓且自然地转换到下一个场景，同时可以极大地增加影片的艺术感染力。在进行视频剪辑时，利用转场可以改变视角，推进故事的进行，避免两个镜头之间产生突兀的跳动。

当用户在轨道区域中添加两个素材之后，通过点击素材中间的口按钮，可以打开转场选项栏，如图3-92和图3-93所示，此时可以看到在转场选项栏中，分布了"基础转场""运镜转场""幻灯片"等不同类别的转场效果。

图3-92

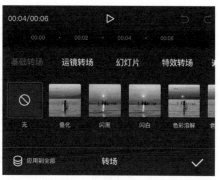
图3-93

3.3.1 基础转场

"基础转场"类别中包含了叠化、闪黑、闪白、色彩溶解、滑动和擦除等转场效果，这一类转场效果主要是通过平缓的叠化、推移运动来实现两个画面的切换。图3-94~图3-96所示为"基础转场"类别中"横向拉幕"效果的展示。

图3-94

图3-95

图3-96

提示

如果对添加的转场效果不满意，想对其进行删除，在转场选项栏中点击"无"效果即可。

技术指导：在片段之间添加转场效果

扫码看视频

要在剪映中应用视频转场效果，首先需要确保剪辑项目中的同一轨道上至少存在两个素材。下面就为大家介绍如何在片段之间应用转场效果。

步骤01 打开剪映，在主界面点击"开始创作"按钮，进入素材添加界面，依次选择"花朵1"

到"花朵3"这3张图像素材后，点击"添加到项目"按钮。进入视频编辑界面后，可以看到选择的素材依次排列在轨道区域中，如图3-97所示。

步骤 02 在未选中素材的状态下，点击"花朵1"和"花朵2"图像之间的□按钮，如图3-98所示。

图3-97

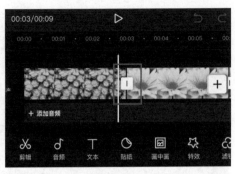

图3-98

步骤 03 打开转场选项栏后，选择"基础转场"类别中的"色彩溶解Ⅱ"效果，如图3-99所示，完成后点击✔按钮。

步骤 04 在完成转场效果的添加后，可以看到轨道区域中"花朵1"和"花朵2"图像之间的□按钮的状态已发生改变，同时在预览区域可以预览添加的转场画面效果，如图3-100所示。

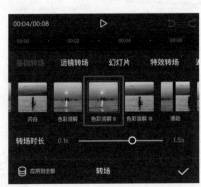

图3-99

图3-100

步骤 05 在未选中素材的状态下，点击"花朵2"和"花朵3"图像之间的□按钮，如图3-101所示。

步骤 06 打开转场选项栏后，选择"基础转场"类别中的"色彩溶解"效果，并调整"转场时长"为1.5秒，如图3-102所示，完成后点击✔按钮。

图3-101

图3-102

 提示

　　在选择转场效果后,通过效果下方的"转场时长"调节滑块可以调整转场效果的时长,转场的时长范围为0.1~1.5秒,时间越长,转场动画越慢。

步骤07 完成所有操作后,点击视频编辑界面右上角的 导出 按钮,将视频导出到手机相册。最终视频效果如图3-103和图3-104所示。

图3-103

图3-104

3.3.2 运镜转场

　　"运镜转场"类别中包含了推近、拉远、顺时针旋转、逆时针旋转等转场效果,这一类转场效果在切换过程中,会产生回弹感和运动模糊效果。图3-105~图3-107所示为"运镜转场"类别中"向下"效果的展示。

图3-105

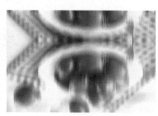
图3-106

图3-107

3.3.3 幻灯片

　　"幻灯片"类别中包含了翻页、立方体、倒影、百叶窗、风车、万花筒等转场效果，这一类转场效果主要是通过一些简单画面运动和图形变化来实现两个画面的切换。图3-108~图3-110所示为"幻灯片"类别中"立方体"效果的展示。

图3-108　　　　　　　　　　　　图3-109　　　　　　　　　　　　图3-110

3.3.4 特效转场

　　"特效转场"类别中包含了故障、放射、马赛克、动漫火焰、炫光等转场效果，这一类转场效果主要是通过火焰、光斑、射线等炫酷的视觉特效，来实现两个画面的切换。图3-111~图3-113所示为"特效转场"类别中"色差故障"效果的展示。

图3-111　　　　　　　　　　　　图3-112　　　　　　　　　　　　图3-113

3.3.5 遮罩转场

　　"遮罩转场"类别中包含了圆形遮罩、星星、爱心、水墨、画笔擦除等转场效果，这一类转场效果主要是通过不同的图形遮罩来实现画面之间的切换。图3-114~图3-116所示为"遮罩转场"类别中"星星Ⅱ"效果的展示。

图3-114　　　　　　　　　　　　图3-115　　　　　　　　　　　　图3-116

技术指导：将转场效果应用到所有片段

在进行视频剪辑时，如果需要在多个片段之间添加同一个转场效果，为了节省剪辑时间，可以通过"应用到全部"功能按钮，来轻松地将一个效果同时应用到所有片段之间。

步骤 01 打开剪映，在主界面点击"开始创作"按钮⊞，进入素材添加界面，依次选择"片段1"～"片段3"这3段视频素材后，点击"添加到项目"按钮。进入视频编辑界面后，可以看到选择的素材依次排列在轨道区域中，如图3-117所示。

步骤 02 在未选中素材的状态下，点击第一段视频素材和第二段视频素材之间的▯按钮，如图3-118所示。

图3-117

图3-118

步骤 03 打开转场选项栏，选择"运镜转场"类别中的"推近"效果，并调整"转场时长"为1.5秒，如图3-119所示。

步骤 04 点击左下角的"应用到全部"按钮⊜，此时将弹出提示"已应用到全部片段"，如图3-120所示，完成后点击☑按钮。

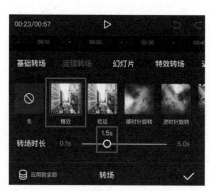

图3-119

图3-120

步骤 05 此时在轨道区域中，可以看到片段之间均被添加了同一转场效果，如图 3-121所示。

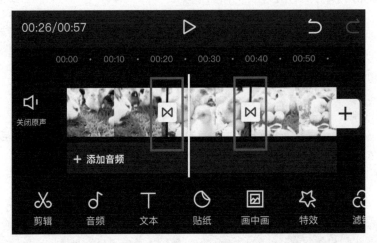

图 3-121

步骤 06 完成所有操作后，点击视频编辑界面右上角的 导出 按钮，将视频导出到手机相册。最终视频效果如图3-122~图3-124所示。

图3-122

图3-123

图3-124

3.4 图形蒙版：特定区域营造特殊效果

　　蒙版，也可以称为"遮罩"。在剪映中，使用蒙版功能可以轻松地遮挡或显示部分画面，是视频编辑处理时非常实用的一项功能。剪映为用户提供了几种不同形状的蒙版，如线性、镜面、圆形、爱心和星形等，这些形状蒙版可以作用于固定的范围。如果用户想让画面中的某个部分以几何图形的状态在另一个画面中显示，则可以使用蒙版功能来实现这一操作。

3.4.1 添加蒙版

　　在剪映中添加蒙版的操作很简单，首先在轨道区域选择需要应用蒙版的素材，然后点击底部工具栏中的"蒙版"按钮 ◉，如图3-125所示。在打开的蒙版选项栏中，可以看到不同形状的蒙版选项，如图3-126所示。

图3-125

图3-126

在选项栏中点击形状蒙版，并点击右下角的☑按钮，即可将形状蒙版应用到所选素材中，如图3-127和图3-128所示。

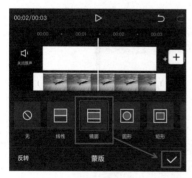

图3-127

图3-128

3.4.2 移动蒙版

在选择蒙版后，用户可以在预览区域对蒙版进行位移、缩放和旋转等基本调整操作，需要注意的是，不同形状的蒙版所对应的调整参数会有些许不同，下面就以"矩形"蒙版为例进行讲解。

在蒙版选项栏中选择"矩形"蒙版后，在预览区域可以看到添加蒙版后的画面效果，同时蒙版的周围分布了几个功能按钮，如图3-129所示。

在预览区域按住蒙版进行拖动，可以对蒙版的位置进行调整，此时蒙版的作用区域也会发生变化，如图3-130所示。

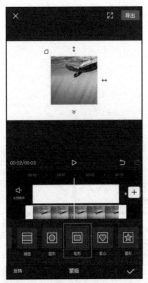

图3-129

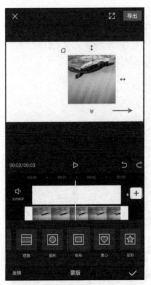

图3-130

3.4.3 调整蒙版大小

在预览区域中,两指朝相反方向滑动,可以将蒙版进行放大,如图3-131所示;两指朝同一方向聚拢,则可以将蒙版进行缩小,如图3-132所示。

图3-131

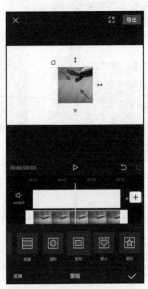

图3-132

此外,矩形蒙版和圆形蒙版支持用户在垂直或水平方向上,对蒙版的大小进行调整。在预览区域中,按住蒙版旁的 ↕ 按钮,可以对蒙版进行垂直方向上的缩放,如图3-133所示;若按住蒙版旁的 ↔ 按钮,则可以对蒙版进行水平方向上的缩放,如图3-134所示。

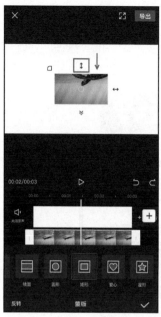

图3-133

图3-134

3.4.4 旋转蒙版

在预览区域中,通过双指旋转操控可以完成蒙版的旋转,双指的旋转方向对应蒙版的旋转方向,如图3-135和图3-136所示。

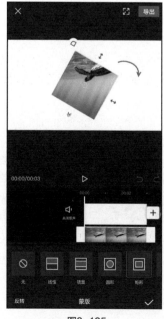

图3-135

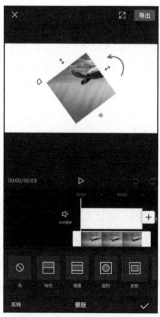

图3-136

3.4.5 圆角化处理

在为对象添加了"矩形"蒙版后，在预览区域中按住⊓按钮进行拖动，可以对蒙版进行圆角化处理，如图 3-137所示。

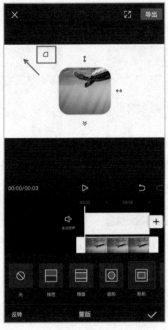

图 3-137

3.4.6 蒙版羽化

在蒙版选项栏中，选择任意一款形状蒙版后，在预览区域中按住 ✷ 按钮进行拖动，可以对蒙版的边缘进行羽化处理。通过羽化操作，可以使蒙版生硬的边缘变得更加柔和、自然，如图3-138和图3-139所示。

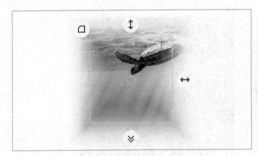

图3-138

图3-139

3.4.7 反转蒙版

在剪映中添加图形蒙版后，用户可以对蒙版进行反转操作，以改变蒙版的作用区域。反转蒙版的操作非常简单，在蒙版选项栏中选择形状蒙版后，点击左下角的"反转"按钮，蒙版的作用区域即发生改变，如图3-140和图3-141所示。

图3-140

图3-141

第**4**章

打造专属音乐节奏

一个完整的短视频，通常是由画面和音频这两个部分组成的，视频中的音频可以是视频原声、后期录制的旁白，也可以是特殊音效或背景音乐。对于视频来说，音频是不可或缺的组成部分，原本普通的视频画面，只要配上调性明确的背景音乐，视频就会变得更加打动人心。

我在哪？

4.1 音乐库：一键应用动人乐曲

在剪映中，用户可以自由地调用音乐素材库中不同类型的音乐素材，并且支持轨道叠加音乐。此外，剪映还支持用户将抖音等其他平台中的音乐添加至剪辑项目。

4.1.1 在乐库中选取音乐

在轨道区域中，将时间线定位至所需时间点，在未选中素材的状态下，点击"添加音频"选项，或点击底部工具栏中的"音频"按钮🎵，然后在打开的音频选项栏中点击"音乐"按钮🎵，如图4-1和图4-2所示。

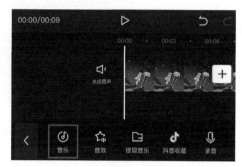

图4-1   图4-2

完成上述操作后，将进入剪映音乐素材库，如图4-3所示。剪映音乐素材库对音乐进行了细致的分类，用户可以根据音乐类别来快速挑选适合自己影片基调的背景音乐。

在音乐素材库中，点击任意一款音乐，即可对音乐进行试听，此外，通过点击音乐素材右侧的功能按钮，可以对音乐素材进行进一步操作，如图4-4所示。

图4-3   图4-4

音乐素材旁的功能按钮说明如下。

● 收藏音乐☆：点击该按钮，可将音乐添加至音乐素材库的"我的收藏"中，方便下次使用。

● 下载音乐⤓：点击该按钮，可以下载音乐，下载完成后会自动进行播放。

● 使用音乐 使用：在完成音乐的下载后，将出现该按钮，点击该按钮即可将音乐添加到剪辑项目中，如图4-5所示。

图 4-5

4.1.2 添加抖音中的音乐

作为一款与抖音直接关联的短视频剪辑软件，剪映支持用户在剪辑项目中添加抖音中的音乐。在进行该操作前，大家需要在剪映主界面中切换至"我的"选项栏，登录自己的抖音账号。通过这一操作，剪映就与抖音建立了账户连接，之后用户在抖音中收藏的音乐就可以直接在剪映的"抖音收藏"中找到并进行调用了，如图 4-6所示。

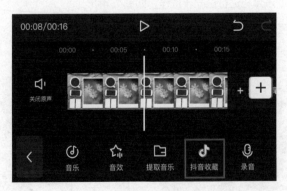

图 4-6

提示

使用抖音账号登录剪映的操作可翻阅本书第1章1.2.1小节内容。

技术指导：在项目中添加年味背景音乐

　　下面就以第3章中的"年味小视频"为例进行操作演示，来帮助大家掌握在剪辑项目中应用"抖音收藏"中音乐的方法。

步骤01　打开抖音，进入主界面后点击右上角的🔍按钮，如图4-7所示。接着，在搜索栏中输出"新年"，完成搜索后，切换至"音乐"选项栏，点击图4-8所示音乐。

图4-7

图4-8

步骤02　在打开的音乐界面中，点击"收藏"按钮，如图4-9所示，完成操作后退出抖音。

步骤03　进入剪映，打开第3章的年味小视频剪辑项目。进入视频编辑界面后，在未选中素材的状态下，将时间线定位至视频起始位置，然后点击底部工具栏中的"音频"按钮♪，如图4-10所示。

图4-9

图4-10

步骤 04 在音频选项栏中点击"音乐"按钮🎵，如图4-11所示。进入音乐素材库后，切换至"抖音收藏"选项栏，在其中可以看到刚刚在抖音中收藏的音乐，如图4-12所示。

图4-11

图4-12

 提示

如果想在剪映中将"抖音收藏"中的音乐素材删除，只需要在抖音中取消该音乐的收藏即可。

步骤 05 点击音乐右侧的 使用 按钮，即可将音乐素材添加至剪辑项目，如图4-13所示。

步骤 06 将时间线定位至视频素材的末端，在轨道区域中选择音乐素材，然后点击底部工具栏中的"分割"按钮✂，如图4-14所示。

图4-13

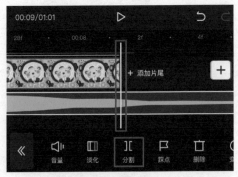
图4-14

步骤 07 完成素材的分割后，选择时间线后的素材，点击底部工具栏中的"删除"按钮🗑，如图4-15所示，将时间线后多余的素材删除。

步骤 08 在轨道区域中选择音乐素材，点击底部工具栏中的"淡化"按钮，进入淡化选项栏，设置"淡入时长"和"淡出时长"均为0.5秒，如图4-16所示。完成后点击✓按钮，至此就完成了背景音乐的添加操作。

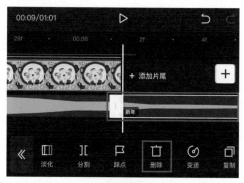

图4-15

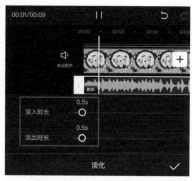

图4-16

4.1.3 导入本地音乐

在剪映音乐素材库中，切换至"导入音乐"选项栏，然后在选项栏中点击"本地音乐"，可以对手机本地下载的音乐进行调取使用，如图 4-17所示。

图 4-17

提示

苹果手机用户在剪映中使用本地音乐前，需通过iTunes在电脑导入音乐并同步至手机。

4.1.4 通过链接导入音乐

如果剪映音乐素材库中的音乐素材不能满足剪辑需求，那么用户可以尝试在剪映的音乐素材库中导入其他平台的音乐。

剪映主要是通过链接导入平台音乐的，以网易云音乐App为例，用户如果想将该平台中的音乐导入剪映中使用，可以在网易云音乐App的音乐播放界面，点击右上角的分享按钮，如图4-18所示。接着，在底部弹窗中点击"复制链接"按钮，如图4-19所示。

图4-18   图4-19

完成上述操作后，进入剪映音乐素材库，切换至"导入音乐"选项栏，然后在选项栏中点击"链接下载"，在文本框中粘贴之前复制的音乐链接，再点击右侧的按钮，等待解析完成，即可将音乐导入剪映，如图4-20和图4-21所示。

图4-20   图4-21

 提示

对于想要靠短视频作品营利的视频创作者来说，在使用其他音乐平台的音乐作为视频素材前，需与平台或音乐创作者进行协商，避免发生音乐作品侵权行为。

4.1.5 提取视频音乐

剪映支持用户对本地相册中拍摄和存储的视频进行音乐提取操作，简单来说就是将其他视频中的音乐提取出来并单独应用到剪辑项目中。

提取视频音乐的方法非常简单，在音乐素材库中，切换至"导入音乐"选项栏，然后在选项栏中点击"提取音乐"，接着点击"去提取视频中的音乐"按钮，如图4-22所示。在打开的素材界面中选择带有音乐的视频，然后点击"仅导入视频的声音"按钮，如图4-23所示。

图4-22

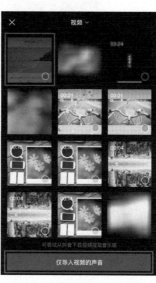

图4-23

完成上述操作后，视频中的背景音乐将被提取导入至音乐素材库，如图4-24所示。如果要将导入素材库中的音乐素材删除，则向左滑动素材，即可展开"删除"选项，如图4-25所示。

图4-24

图4-25

除了可以在音乐素材库中进行视频音乐的提取操作外，用户还可以选择在视频编辑界面中完成音乐提取操作。在未选中素材的状态下，点击底部工具栏中的"音频"按钮♪，然后在打开的音频选项栏中点击"提取音乐"按钮，如图 4-26所示，即可进行视频音乐的提取操作。

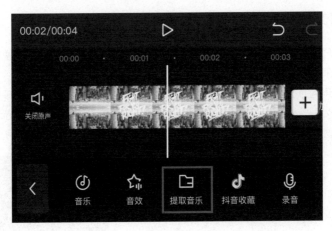

图 4-26

 提示

用户可以从抖音中下载视频，然后在剪映中对视频的音乐进行提取使用。

4.2 音频处理：基本操作不容忽视

剪映为用户提供了较为完备的音频处理功能，支持用户在剪辑项目中对音频素材进行音量调整、音频淡化处理、复制音频、删除音频和降噪处理等。

4.2.1 添加音效

在轨道区域中，将时间线定位至需要添加音效的时间点，在未选中素材的状态下，点击"添加音频"选项，或点击底部工具栏中的"音频"按钮♪，然后在打开的音频选项栏中点击"音效"按钮，如图4-27和图4-28所示。

图4-27

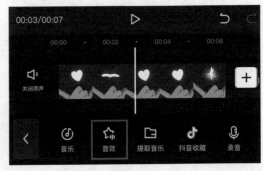

图4-28

上述操作完成后，即可打开音效选项栏，如图4-29所示，可以看到综艺、笑声、机械、游戏、魔法、打斗、动物等不同类别的音效。添加音效素材的方法与之前所讲的添加音乐的方法一致，点击音效素材右侧的 使用 按钮，即可将音效添加至剪辑项目，如图4-30所示。

图4-29

图4-30

技术指导：为视频添加综艺效果

平时在收看综艺节目时，相信大家一定看到过在屏幕上跳出的花字，并且在跳出的过程中会伴随着滑稽的音效，这种综艺效果往往能给观众营造一种轻松、愉悦的观看体验。下面就为大家讲解在剪映中为视频添加这种综艺效果的操作方法。

扫码看视频

步骤 01 打开剪映，在主界面点击"开始创作"按钮⊞，进入素材添加界面，选择"鸽子"视频素材，点击"添加到项目"按钮，将素材添加至剪辑项目。

步骤 02 进入视频编辑界面，将轨道区域适当放大，然后将时间线定位至第3秒第10帧位置，在未选中素材的状态下，点击底部工具栏中的"文本"按钮 T ，如图4-31所示。

步骤 03 在打开的文本选项栏中，点击"新建文本"按钮 A+ ，如图4-32所示。

图4-31

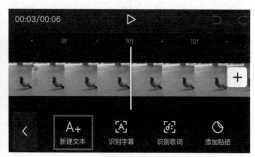

图4-32

步骤 04 弹出输入键盘，输入文字，然后切换至"花字"选项栏，选择图4-33所示花字样式，应用到剪辑项目中，完成后点击 ✓ 按钮。

步骤 05 在预览区域中，将文字调整到合适的大小及位置，并进行适当旋转，如图4-34所示。

图4-33　　　　　　　　　　　　　　　　图4-34

步骤 06 在选中文字素材的状态下，点击底部工具栏中的"动画"按钮▯，进入动画选项栏，在"入场动画"选项中选择"放大"效果，并将动画时长延长至0.6秒，如图4-35所示，完成后点击✔按钮。

步骤 07 将时间线定位至第3秒第8帧位置，在未选中素材的状态下，点击底部工具栏中的"音频"▯→"音效"按钮▯，如图4-36所示。

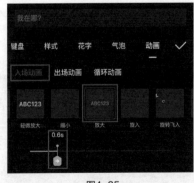

图4-35　　　　　　　　　　　　　　　　图4-36

步骤 08 在音效列表中选择"综艺"种类中的"啵1"音效，如图4-37所示。

步骤 09 将时间线定位至第5秒第10帧位置，在未选中素材的状态下，点击底部工具栏中的"文本"按钮▯。打开文本选项栏后，选中文字素材，点击底部工具栏中的"分割"按钮▯，如图4-38所示。

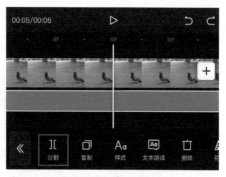

图4-37　　　　　　　　　　　　　　　图4-38

步骤 10　完成素材的分割后，选择时间线后方的文字素材，点击底部工具栏中的"删除"按钮，如图4-39所示，将多余部分删除。

步骤 11　选择文字素材，点击底部工具栏中的"复制"按钮，将文字素材复制一层，并将其起始位置调整至第3秒第20帧位置，如图4-40所示。

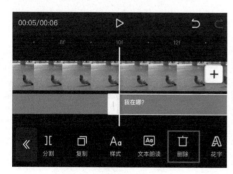

图4-39　　　　　　　　　　　　　　图4-40

步骤 12　选择复制的文字素材，在预览区域中调整其位置，并对文字内容进行修改，如图4-41所示。

步骤 13　选择复制的文字素材，按住素材尾部的图标向左拖动，使素材尾部与上方的文字素材尾部对齐，如图4-42所示。

图4-41　　　　　　　　　图4-42

步骤 14 将时间线定位至第3秒第20帧位置，在未选中素材的状态下，点击底部工具栏中的"音频" ♪ → "音效"按钮 🎵，如图4-43所示。

步骤 15 在音效列表中选择"综艺"种类中的"啵1"音效，如图4-44所示。

图4-43   图4-44

步骤 16 完成所有操作后，点击视频编辑界面右上角的 导出 按钮，将视频导出到手机相册。最终视频效果如图4-45和图4-46所示。

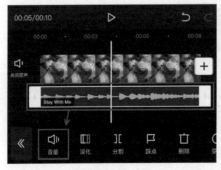
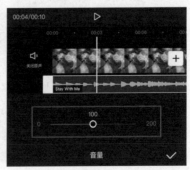

图4-45   图4-46

4.2.2 调节音频音量

在进行视频编辑工作时，可能会出现音频声音过大或过小的情况，为了满足不同的制作需求，在剪辑项目中添加音频素材后，可以对音频素材的音量进行自由调整，以满足视频的制作需求。

调节素材音量的方法非常简单，在轨道区域中选择音频素材，然后点击底部工具栏中的"音量"按钮 🔊，在打开的音量选项栏中，左右拖动滑块即可改变素材的音量，如图4-47和图4-48所示。

图4-47   图4-48

提示

剪映中素材音量的调整范围为0~200。一般添加至剪辑项目的音频素材初始音量为100，即代表正常音量。调节时，数值越小，声音越小；数值越大，声音越大。

4.2.3 实现视频静音

在剪映中实现视频静音的方法有以下3种。

1. 关闭视频原声

当用户在剪辑项目中导入带有声音的视频素材后，在轨道区域中点击"关闭原声"按钮，即可实现视频静音，如图4-49所示。

图 4-49

2. 音量调整

在轨道区域中选择需要进行静音处理的视频素材或音频素材，然后点击底部工具栏中的"音量"按钮，在打开的音量选项栏中，将音量滑块拖至最左侧，使音量数值变为0，即可实现静音，如图4-50所示。

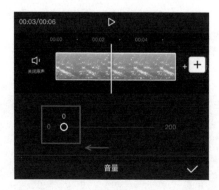

图 4-50

3. 删除音频素材

在轨道区域中选择音频素材，然后点击底部工具栏中的"删除"按钮，将音频素材删除后，即可达到静音的目的。需要注意的是，该方法不适用于自带声音的视频素材。

4.2.4 音频的淡化处理

对于一些没有前奏和尾声的音频素材，在其前后添加淡化效果，可以有效降低音乐进出场时的突兀感；而在两个衔接音频之间加入淡化效果，则可以令音频之间的过渡更加自然。

在轨道区域中选择音频素材，点击底部工具栏中的"淡化"按钮█，在打开的淡化选项栏中，可以自行设置音频的淡入时长和淡出时长，如图4-51和图4-52所示。

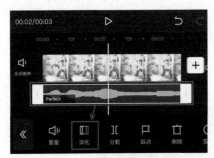

图4-51

图4-52

技术指导：音乐素材的淡化操作

扫码看视频

音乐对于视频来说往往能起到"画龙点睛"的作用，大家在剪辑项目中添加音乐素材后，为了使背景音乐更加融入剪辑项目且不产生突兀感，为音乐素材设置淡入及淡出效果就显得很有必要了。

步骤01 打开剪映，在主界面点击"开始创作"按钮█，进入素材添加界面，选择"黄昏"视频素材，点击"添加到项目"按钮，将素材添加至剪辑项目。

步骤02 进入视频编辑界面后，将时间线定位至素材的起始位置，在未选中素材的状态下，点击底部工具栏中的"特效"按钮█，如图4-53所示。

步骤03 在打开的特效选项栏中，选择"边框"选项中的"手绘边框"，如图4-54所示，完成后点击█按钮。

图4-53

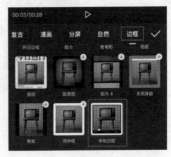

图4-54

步骤 04　选择边框素材，按住素材尾部的■图标向右拖动，使其尾部与视频素材尾部对齐，如图4-55所示。

步骤 05　在未选中素材的状态下，将时间线定位至视频起始位置，然后点击底部工具栏中的"音频"按钮■，进入音频选项栏后，点击"音乐"按钮■，进入剪映音乐素材库，在音乐分类中点击"治愈"选项，如图4-56所示。

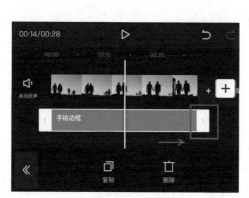

图4-55

图4-56

步骤 06　进入音乐选择列表，选择一曲合适的背景音乐，点击音乐右侧的■■按钮，将音乐素材添加至剪辑项目，如图4-57和图4-58所示。

图4-57

图4-58

步骤 07　将轨道区域适当放大，然后将时间线定位至第20秒第20帧位置，然后选择音乐素材，点击底部工具栏中的"分割"按钮■，如图4-59所示。

步骤 08　完成音乐素材的分割后，选择时间线前的音乐素材，点击底部工具栏中的"删除"按钮■，如图4-60所示，将选中素材删除。

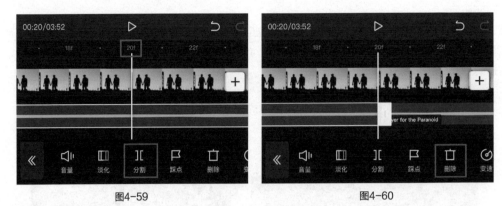

图4-59　　　　　　　　　　　　　　　图4-60

步骤 09 按住剩余的音乐素材向左拖动，使音乐素材的起始位置与视频起始位置对齐，如图4-61所示。

步骤 10 将时间线定位至视频素材的尾端，选择音乐素材，点击底部工具栏中的"分割"按钮 ，如图4-62所示。

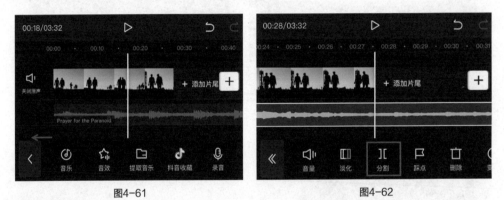

图4-61　　　　　　　　　　　　　　　图4-62

步骤 11 完成素材的分割后，选择时间线后方的音乐素材，点击底部工具栏中的"删除"按钮 ，如图4-63所示，将多余部分删除。

步骤 12 在轨道区域中选择剩余音频素材，点击底部工具栏中的"淡化"按钮 ，如图4-64所示。

图4-63　　　　　　　　　　　　　　　图4-64

步骤 13 打开淡化选项栏，调整"淡入时长"和"淡出时长"均为1秒，如图4-65所示，完成后点击✓按钮。

步骤 14 此时，在轨道区域可以看到音乐素材的起始位置和结束位置出现了淡化效果，如图4-66所示。

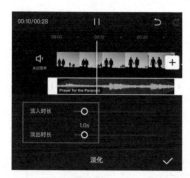

图4-65

图4-66

步骤 15 完成所有操作后，点击视频编辑界面右上角的 导出 按钮，将视频导出到手机相册。最终视频效果如图4-67和图4-68所示。

图4-67

图4-68

4.2.5 复制音频

若用户需要重复利用某一段音频素材，则可以选中音频素材进行复制操作。复制音频的方法与复制视频的方法一致，在轨道区域中选择需要复制的音频素材，然后点击底部工具栏中的"复制"按钮🔲，即可得到一段同样的音频素材，如图4-69和图4-70所示。

图4-69

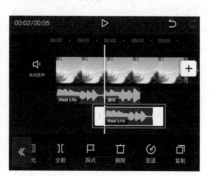

图4-70

复制的音频素材一般会自动衔接在原音频素材的后方，若原音频素材的后方位置被占用，则复制的音频素材会自动分布到新的轨道，但始终衔接在原音频素材的后方。用户可以根据实际需求自行调整音频素材的摆放顺序。

4.2.6 分割音频

通过"分割"操作可以将一段音频素材分割为多段，然后实现对素材的重组和删除等操作。在轨道区域中，选择音频素材，然后将时间线定位至需要进行分割的时间点，接着点击底部工具栏中的"分割"按钮 ，此时音频素材就会被一分为二，如图4-71和图4-72所示。

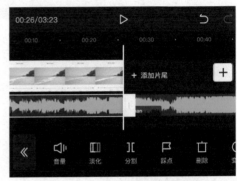

图4-71　　　　　　　　　　　　　　　　图4-72

4.2.7 删除音频

在剪辑项目中添加音频素材后，如果发现音频素材的持续时间过长，则可以先对音频素材进行分割，再选中多余的部分进行删除。删除音频的操作非常简单，只需在轨道区域中选择需要删除的音频素材，然后点击底部工具栏中的"删除"按钮 即可，如图4-73和图4-74所示。

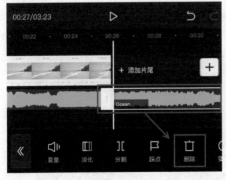
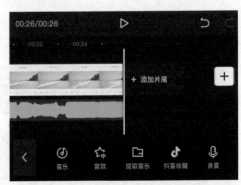

图4-73　　　　　　　　　　　　　　　　图4-74

4.2.8 视频降噪

在日常拍摄时，由于环境因素的影响，拍摄的短片或多或少会夹杂着一些杂音，非常影响观看体验。剪映为用户提供了视频降噪功能，可以方便用户去除音频中的各类杂音、噪音等，从而有效地提升音频的质量。

在轨道区域选中需要进行降噪处理的视频素材，然后点击底部工具栏中的"降噪"按钮 ，如图4-75所示。此时在打开的降噪选项栏中，降噪开关为关闭状态，点击开关按钮将降噪功能打开，剪映将自动进行视频降噪处理，如图4-76所示。

图4-75   图4-76

完成降噪处理后，降噪开关变为开启状态，点击右下角的 按钮，保存降噪操作，如图4-77所示。需要注意的是，剪映中的"降噪"功能仅适用于视频素材。

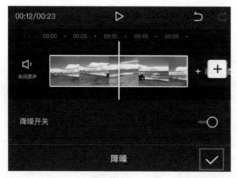

图4-77

4.3 音频变声：特殊嗓音轻松实现

在观看不少知名短视频创作者的视频作品时，会发现里面人物的声音都不是原声。不少短视频创作者会选择对视频原声进行变声或变速处理，通过这样的处理方式，不仅可以加快视频的节奏，还能增强视频的趣味性，形成鲜明的个人特色。

除了专业的后期配音外，音频的变声处理手法还包括以下两种，一种是通过改变音频的播放速度来实现变声，另一种是通过变声功能将声音处理为儿童音、大叔音、机器人声音等假声效果。

4.3.1 录制声音

通过剪映中的"录音"功能，用户可以实时在剪辑项目中完成旁白的录制和编辑工作。在使用剪映录制旁白前，最好连接上耳麦，有条件的话可以配备专业的录制设备，这样能有效地提升声音质量。

在剪辑项目中开始录音前，先在轨道区域中将时间线定位至音频开始处，然后在未选中素材的状态下，点击底部工具栏中的"音频"按钮♪，在打开的音频选项栏中点击"录音"按钮🎙，如图4-78所示。接着在打开的选项栏中，按住红色的录制按钮，如图4-79所示。

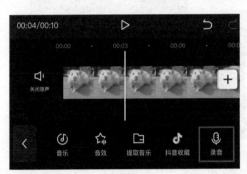

图4-78

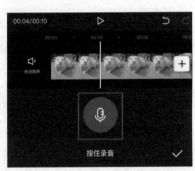

图4-79

在按住录制按钮的同时，轨道区域将同时生成音频素材，如图4-80所示，此时用户可以根据视频内容录入相应的旁白。完成录制后，释放录制按钮，即可停止录音。点击右下角的☑按钮，保存音频素材，之后便可以对音频素材进行音量调整、淡化、分割等操作，如图4-81所示。

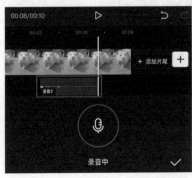

图4-80

图4-81

在录制时，可能会由于口型不匹配，或环境干扰造成音效的不自然，因此大家尽量选择安静、没有回音的环境进行录制工作。在录音时，嘴巴需与麦克风保持一定的距离，可以尝试用打湿的纸巾将麦克风包裹住，以防止喷麦。

4.3.2 使用变速功能

在进行视频编辑时，为音频进行恰到好处的变速处理，来搭配搞怪的视频内容，可以很好地增加视频的趣味性。

实现音频变速的操作非常简单，在轨道区域中选择音频素材，然后点击底部工具栏中的"变速"按钮◎，如图4-82所示，在打开的变速选项栏中可以调节音频素材的播放速度，如图4-83所示。

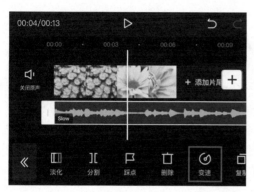

图4-82

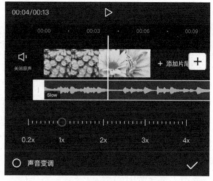

图4-83

在变速选项栏中通过左右拖动速度滑块，可以对音频素材进行减速或加速处理。速度滑块停留在1×数值处时，代表此时音频为正常播放速度。当用户向左拖动滑块时，音频素材将被减速，且素材持续时长会变长；当用户向右拖动滑块时，音频素材将被加速，且素材的持续时长将变短。

在进行音频变速操作时，如果想对旁白声音进行变调处理，可以点选左下角的"声音变调"选项，完成操作后，人物说话时的音色将会发生改变。

4.3.3 使用变声功能

看过游戏直播的朋友应该知道，很多平台主播为了提高直播人气，会使用变声软件在游戏里进行变声处理，搞怪的声音配上幽默的话语，时常能引得观众们捧腹大笑。

对视频原声进行变声处理，在一定程度上可以强化人物的情绪，对于一些趣味性或恶搞类短视频来说，音频变声可以很好地放大这类视频的幽默感。

使用"录音"功能完成旁白的录制后，在轨道区域中选择音频素材，点击底部工具栏中的"变声"按钮◎，如图4-84所示。在打开的变声选项栏中，可以根据实际需求选择声音效果，如图4-85所示。

图4-84　　　　　　　　　　　　　　图4-85

4.4 音乐卡点：声声动人融入场景

音乐卡点视频是如今各大短视频平台上一种比较热门的视频玩法，通过后期处理，将视频画面的每一次转换与音乐鼓点相匹配，整个画面变得节奏感极强。

以往在使用视频剪辑软件制作卡点视频时，往往需要用户一边试听音频效果，一边手动标记节奏点，是一项既费时又费力的事情，因此制作卡点视频让许多新手创作者望而却步。如今，剪映这款全能型的短视频剪辑软件，针对新手用户推出了特色"踩点"功能，不仅支持用户手动标记节奏点；还能帮用户快速分析背景音乐，自动生成节奏标记点。

4.4.1 卡点视频的分类

卡点视频一般分为两类，分别是图片卡点和视频卡点。图片卡点是将多张图片组合成一个视频，图片会根据音乐的节奏进行规律的切换；视频卡点则是视频根据音乐节奏进行转场或内容变化，或是高潮情节与音乐的某个节奏点同步。

1. 图片卡点

图片卡点比视频卡点的操作要简单一些，用户只需要将图片导入项目，然后根据背景音乐的节奏对照片进行有序的重组和分割，使图片与图片的切换时间点与音乐的节奏点匹配上即可。

2. 视频卡点

视频卡点的操作难度较高，如果不是一镜到底的视频内容，那就需要注重画面表现和镜头变化。在具体制作时，创作者要根据音乐节奏合理地截取或选取内容，否则制作出来的卡点视频就算节奏对上了，画面转变也会显得特别突兀。

这里为大家讲解一个技巧，在制作卡点视频时，针对一些节奏感强烈且音乐层次明显的背景音乐，可以将轨道放至最大，从而更好地观察音乐的波形。对于一些节奏变化强烈的音乐，它的波形起伏往往会非常明显，通常波形的高峰处就是鼓点所在的位置，此时可以在鼓点位置配合片段进行加速处理，使片段配合鼓点进行播放和转场。

4.4.2 音乐手动踩点

在轨道区域中添加音乐素材后，选中音乐素材，点击底部工具栏中的"踩点"按钮█，如图 4-86所示。在打开的踩点选项栏中，将时间线定位至需要进行标记的时间点，然后点击"添加 点"按钮，如图4-87所示。

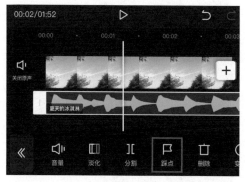

图4-86　　　　　　　　　　　　　　　　　　　图4-87

完成上述操作后，即可在时间线所处位置添加一个黄色的标记，如图4-88所示，如果对添加 的标记不满意，点击"删除点"按钮即可将标记删除。

标记点添加完成后，点击█按钮保存操作，此时在轨道区域中可以看到刚刚添加的标记点， 如图4-89所示，根据标记点所处位置可以轻松地对视频进行剪辑，完成卡点视频的制作。

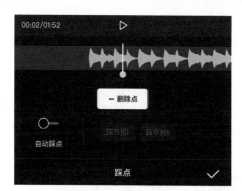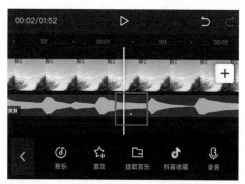

图4-88　　　　　　　　　　　　　　　　　　　图4-89

技术指导：手动踩点制作卡点视频

下面将通过手动踩点来制作一个简单的音乐卡点视频。在进行手动踩点 前，大家尽可能多储备一些视频或图像素材，在剪映中完成节奏点的标记 后，根据标记点的数量来添加相应数量的素材。

扫码看视频

步骤01　打开抖音，进入主界面后点击右上角的█按钮，在搜索栏中输入音乐名称进行搜索，切换 至"音乐"选项栏，点击图4-90所示音乐。

步骤 02 在打开的音乐界面中，点击"收藏"按钮，如图4-91所示，完成操作后退出抖音。

图4-90

图4-91

步骤 03 打开剪映，在主界面点击"开始创作"按钮 ⊕，进入素材添加界面，选择"油菜花"视频素材，点击"添加到项目"按钮。

步骤 04 进入视频编辑界面后，在未选中素材的状态下，将时间线定位至视频起始位置，然后点击底部工具栏中的"音频"按钮 ♪，如图4-92所示。

步骤 05 进入音频选项栏后，点击"抖音收藏"按钮 ♪，如图4-93所示。

图4-92

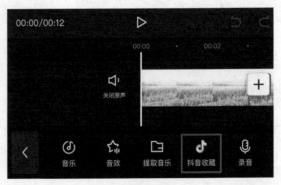

图4-93

步骤 06 在音乐素材库中的"抖音收藏"选项栏中，可以看到刚刚在抖音中收藏的音乐，点击该音乐右侧的 使用 按钮，将音乐素材添加至剪辑项目，如图4-94和图4-95所示。

图4-94

图4-95

步骤07 在轨道区域中选择音乐素材，然后点击底部工具栏中的"踩点"按钮，如图4-96所示。

步骤08 打开踩点选项栏后，为了便于观察，将素材轨道最大化。接着，点击▷按钮预览音乐，在第9秒位置点击"添加点"按钮，添加一个节奏点标记，如图4-97所示。

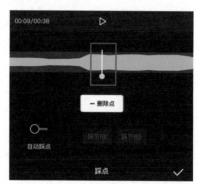

图4-96

图4-97

步骤09 用同样的方法，继续根据音乐节奏添加8个节奏点标记，如图4-98所示，完成后点击✓按钮。

图4-98

步骤10 在轨道区域中，选择"油菜花"视频素材，然后在底部工具栏中点击"变速"按钮⏱，在打开的变速选项栏中，调整播放速度为1.4×，如图4-99所示，完成后点击✓按钮。

步骤11 将时间线定位至音乐素材的第一个标记点位置，然后选择"油菜花"视频素材，按住素材尾部的▮图标，向左拖动至时间线停留处，如图4-100所示。

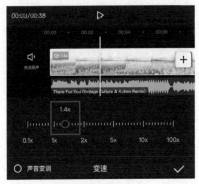

图4-99

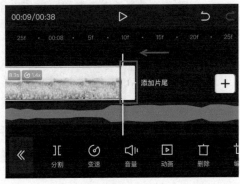

图4-100

步骤12 在轨道区域中点击➕按钮，进入素材添加界面，依次选择"01"~"07"这7张图像素材后，点击"添加到项目"按钮。进入视频编辑界面后，可以看到选择的素材依次排列在轨道区域中，如图4-101所示。

步骤13 在轨道区域中，选择"01"图像素材，此时预览画面会发现该图像没有完全铺满画布，如图4-102所示。

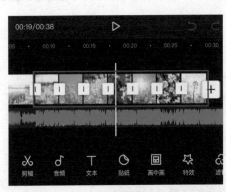

图4-101

图4-102

步骤14 在预览区域中，通过两指缩放调节素材画面的大小，使其铺满画布，如图4-103所示。

步骤15 用上述同样的方法，对剩余的6张图像进行调整，使它们的画面都铺满画布。

步骤 16 将轨道区域适当放大，便于观察音乐素材上的标记点。接着，选择"01"图像素材，按住素材尾部的▯图标，向左拖动至音频素材的第2个标记点位置，此时素材的持续时长将缩短为0.5秒，如图4-104所示。

图4-103

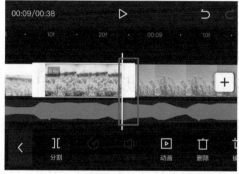

图4-104

步骤 17 选择"02"图像素材，按住素材尾部的▯图标，向左拖动至音频素材的第3个标记点位置，如图4-105所示。

步骤 18 用上述同样的方法，对剩余的图像素材进行调整，使后续素材的尾部与相应的标记点对齐，如图4-106所示。

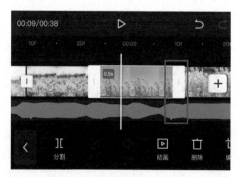

图4-105

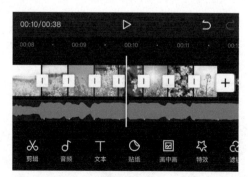

图4-106

步骤 19 将时间线定位至"07"图像素材的尾端，选择音乐素材，点击底部工具栏中的"分割"按钮▯，如图4-107所示。

步骤 20 完成素材的分割后，选择时间线后方的音乐素材，点击底部工具栏中的"删除"按钮▯，如图4-108所示，将多余部分删除。

图4-107

图4-108

步骤21 在轨道区域中选择"01"图像素材，点击底部工具栏中的"动画"按钮 **▣**，进入动画选项栏后点击"入场动画"按钮 **▣**，如图4-109和图4-110所示。

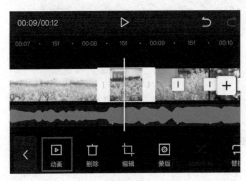

图4-109

图4-110

步骤22 在打开的入场动画选项栏中，选择"向右甩入"效果，如图4-111所示。

步骤23 将时间线定位至"02"图像素材上，然后在入场动画选项栏中继续选择"向右甩入"效果，如图4-112所示。用同样的方法，为剩余的5张图像素材应用"向右甩入"效果，完成后点击 **✓** 按钮。

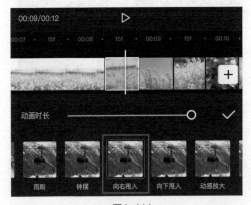

图4-111

图4-112

步骤24 完成所有操作后，点击视频编辑界面右上角的 **导出** 按钮，将视频导出到手机相册。最终视频效果如图4-113~图4-115所示。

图4-113

图4-114

图4-115

4.4.3 音乐自动踩点

　　剪映为用户提供了音乐自动踩点功能，一键设置即可在音乐上自动标记节奏点，并可以按照个人喜好选择踩节拍或踩旋律模式，让作品节奏感爆棚。相较于上一节为大家所讲的手动踩点来说，自动踩点功能更加方便、高效和准确，因此笔者更建议大家使用自动踩点的方法来制作卡点视频。

技术指导：使用自动踩点功能 ↖

扫码看视频

　　自动踩点功能可以根据音乐的节拍和旋律，对音乐节奏点进行自动标记，用户根据这些标记来剪辑视频即可省时省力地制作出高质量的卡点视频。

步骤 01 打开抖音，进入主界面后点击右上角的 🔍 按钮，在搜索栏中输入音乐名称进行搜索，切换至"音乐"选项栏，点击图4-116所示音乐。

步骤 02 在打开的音乐界面中，点击"收藏"按钮，如图4-117所示，完成操作后退出抖音。

图4-116

图4-117

步骤 03 打开剪映，在主界面点击"开始创作"按钮 ⊞，进入素材添加界面，依次选择"01"～"16"这16个图像素材后，点击"添加到项目"按钮。进入视频编辑界面后，可以看到选择的素材依次排列在轨道区域中，如图4-118所示。

步骤 04 在未选中素材的状态下,将时间线定位至视频起始位置,然后点击底部工具栏中的"音频"按钮🎵,进入音频选项栏后,点击"抖音收藏"按钮♪,如图4-119所示。

图4-118

图4-119

步骤 05 在音乐素材库的"抖音收藏"选项栏中,可以看到刚刚在抖音中收藏的音乐,点击该音乐右侧的 使用 按钮,将音乐素材添加至剪辑项目,如图4-120和图4-121所示。

图4-120

图4-121

步骤 06 在轨道区域中选择音乐素材,然后点击底部工具栏中的"踩点"按钮🚩,如图4-122所示。

步骤 07 打开踩点选项栏后,点击"自动踩点"按钮,将自动踩点功能打开,并点击"踩节拍Ⅱ"按钮,如图4-123所示,完成后点击✓按钮。

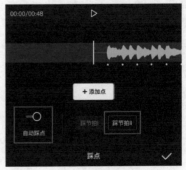

图4-122

图4-123

步骤 08 此时音乐素材下方会自动生成音乐节奏点标记，将轨道区域适当放大，便于观察音乐素材上的标记点。接着，选择"01"图像素材，按住素材尾部的▯图标，向左拖动至音频素材的第2个标记点位置，如图4-124所示。

步骤 09 选择"02"图像素材，按住素材尾部的▯图标，向左拖动至音频素材的第3个标记点位置，如图4-125所示。

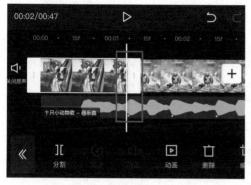

图4-124

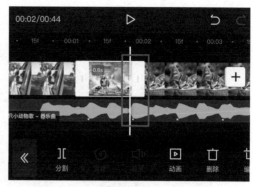

图4-125

步骤 10 用上述同样的方法，对剩余的图像素材进行调整，使后续素材的尾部与相应的标记点对齐，如图4-126所示。

步骤 11 将时间线定位至视频素材的尾端，然后选择音乐素材，点击底部工具栏中的"分割"按钮▯，如图4-127所示。

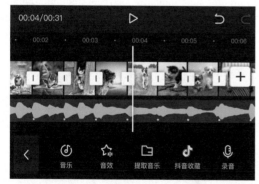

图4-126

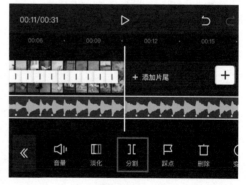

图4-127

步骤 12 完成素材的分割后，选择时间线后方的音乐素材，点击底部工具栏中的"删除"按钮▯，如图4-128所示，将多余部分删除。

步骤 13 将时间线定位至视频起始位置，在未选中素材的状态下，点击底部工具栏中的"比例"按钮▯，打开比例选项栏，选择9∶16选项，如图4-129所示。

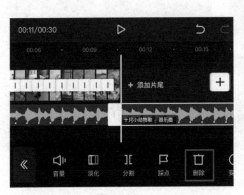

图4-128　　　　　　　　　　　　图4-129

步骤14 点击 **〈** 按钮返回上一级工具栏，在未选中素材的状态下，点击底部工具栏中的"背景"按钮 **⊠**，打开背景选项栏，点击"画布样式"按钮 **⊡**，如图4-130所示。

步骤15 在打开的"画布样式"选项栏中，点击所需背景样式，然后点击"应用到全部"按钮 **⊜**，如图4-131所示。

图4-130　　　　　　　　　　　　图4-131

步骤 *16* 在未选中素材的状态下,点击底部工具栏中的"文本"按钮T,如图4-132所示。

步骤 *17* 在打开的文本选项栏中,点击"新建文本"按钮A+,如图4-133所示。

图4-132　　　　　　　　　　　　　　　　图4-133

步骤 *18* 弹出输入键盘,输入文字"萌宠的欢乐时刻",然后切换至"花字"选项栏,选择图4-134所示花字样式,应用到剪辑项目中,完成后点击✓按钮。

步骤 *19* 在预览区域中,将文字调整到合适的大小及位置,并在轨道区域中调整字幕素材的持续时间长度,使其与视频长度保持一致,如图4-135所示。

图4-134　　　　　　　　　　　　　　　　图4-135

步骤 *20* 完成所有操作后,点击视频编辑界面右上角的 导出 按钮,将视频导出到手机相册。最终视频效果如图4-136~图4-138所示。

图4-136

图4-137

图4-138

第 **5** 章

选用特效增添乐趣

当下短视频行业，不论是在制作体量、覆盖人群还是播放量上，都足以媲美电视节目和视频网站视频，俨然已成为内容领域的第三级。优质的短视频除了要做到内容上的丰富和创新，更重要的是后期制作要过关。

在前面的章节中，笔者已经带领大家学习了短视频的基本剪辑、画面调色、转场添加和音频设置等操作，通过这些操作基本可以完成一个比较完整的短视频作品了。在此基础上，如果想让自己的作品更加引人注目，不妨尝试在画面中添加一些贴纸、字幕和特效动画等装饰元素，从而在增加视频完整性的同时，还能为视频增添不少的趣味性。

动画贴纸：妙趣横生的附加元素

动画贴纸功能是如今许多短视频编辑类软件中都具备的一项特殊功能，通过在视频画面上添加动画贴纸，不仅可以起到较好的遮挡作用（类似于马赛克），还能让视频画面看上去更加酷炫。

在剪映的剪辑项目中添加了视频或图像素材后，在未选中素材的状态下，点击底部工具栏中的"贴纸"按钮 🕐，在打开的贴纸选项栏中可以看到几十种不同类别的动画贴纸，并且贴纸的内容还在不断更新中，如图5-1和图5-2所示。

图5-1   图5-2

根据剪映中的贴纸类别，可以将贴纸素材大致分为四类，分别是自定义贴纸、普通贴纸、特效贴纸和边框贴纸。下面为大家分别讲解这些类别贴纸的具体应用。

5.1.1 添加自定义贴纸

在打开贴纸选项栏后，用户可以在不同的贴纸类别下筛选想要添加到剪辑项目中的贴纸动画，数百种贴纸动画基本能满足大家的日常编辑需求。此外，剪映还支持用户在剪辑项目中添加自定义贴纸，进一步满足用户的创作需求。添加自定义贴纸的方法很简单，在贴纸选项栏中，点击最左侧的 🖼 按钮，如图5-3所示，即可打开素材添加界面（相册），选取贴纸元素添加至剪辑项目。

图5-3

技术指导：添加自定义卡通贴纸

对于一些热衷于创作的用户来说，添加自定义贴纸可以帮助他们打造出许多意想不到的画面效果。在进行视频处理前，大家可以先准备一些PNG格式的图像文件，有一定软件基础的用户也可以自行在Photoshop或Illustrator

扫码看视频

这类设计软件中制作并导出PNG格式的图像文件，将文件传输至手机相册，即可在剪映中完成自定义贴纸的添加。

步骤01 打开剪映，在主界面点击"开始创作"按钮⊕，进入素材添加界面，选择"小狗"图像素材，点击"添加到项目"按钮，将素材添加至剪辑项目。

步骤02 进入视频编辑界面，在轨道区域中选择"小狗"素材，按住素材尾部的▯图标向右拖动，将素材时长延长至5秒，如图5-4所示。

步骤03 将时间线定位至素材起始位置，在未选中素材的状态下，点击底部工具栏中的"贴纸"按钮◐，如图5-5所示。

图5-4　　　　　　　　　　　　　　图5-5

步骤04 打开贴纸选项栏，向右滑动类别栏，然后点击最左侧的▣按钮，如图5-6所示。

步骤05 进入素材添加界面后，选择"小草贴纸"素材文件，将其添加至剪辑项目，然后在预览区域将贴纸素材调整到合适的大小及位置，如图5-7所示。

图5-6　　　　　　　　　　　　　图5-7

步骤 06 在轨道区域中，选择"小草贴纸"素材，按住素材尾部的▯图标向右拖动，将素材延长，使其与"小狗"图像素材的长度保持一致，如图5-8所示。

步骤 07 选择"小草贴纸"素材，然后点击底部工具栏中的"动画"按钮◖C，如图5-9所示。

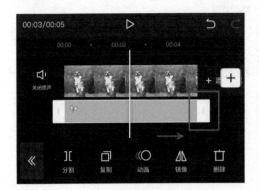

图5-8

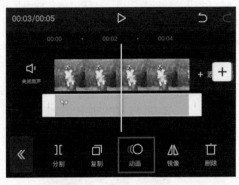

图5-9

步骤 08 在打开的贴纸动画选项栏中，切换至"循环动画"选项，点击其中的"雨刷"效果，并设置动画时长为1.5秒，如图5-10所示，完成操作后点击右下角的☑按钮。

步骤 09 此时，轨道区域中的贴纸素材上方将生成动画轨迹，在预览区域中可以查看贴纸动画效果，如图5-11所示。

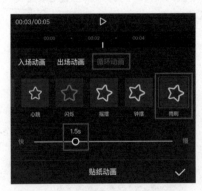

图5-10

图5-11

步骤 10 将时间线定位至视频起始位置，在未选中素材的状态下，点击底部工具栏中的"添加贴纸"按钮◖，如图5-12所示。

步骤 11 打开贴纸选项栏，点击最左侧的▣按钮，进入素材添加界面后，选择"底部修饰"素材文件，将其添加至剪辑项目，然后在预览区域中将贴纸素材调整到合适的大小及位置，如图5-13所示。

图5-12

图5-13

步骤 12 在轨道区域中选择"底部修饰"素材，按住素材尾部的▯图标向右拖动，将素材延长，使其与"小草贴纸"图像素材的长度保持一致，如图5-14所示。

步骤 13 至此，就完成了添加自定义卡通贴纸的操作。点击视频编辑界面右上角的 导出 按钮，将视频导出到手机相册。最终视频画面效果如图5-15所示。

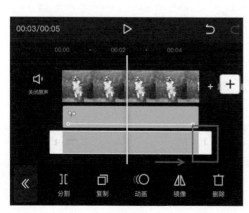

图5-14

图5-15

提示

　　大家可以通过添加自定义贴纸操作，尝试将个人照片添加至剪辑项目，从而制作出具有个人特色的短视频作品。

5.1.2 添加普通贴纸

普通贴纸在这里特指贴纸选项栏中没有动态效果的贴纸素材，如Emoji类别中的表情符号贴纸，如图5-16所示。贴图效果如图5-17所示。

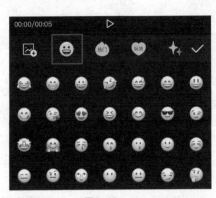

图5-16   图5-17

将这类贴纸素材添加至剪辑项目后，虽然贴纸本身不会产生动态效果，但用户可以自行为贴纸素材设置动画。设置贴纸动画的方法非常简单，在轨道区域中选择贴纸素材，然后点击底部工具栏中的"动画"按钮，在打开的贴纸动画选项栏中可以为贴纸设置"入场动画""出场动画"和"循环动画"，并可以对动画效果的播放时长进行调整，如图5-18和图5-19所示。

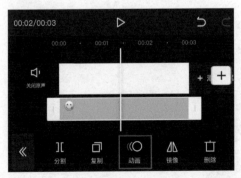

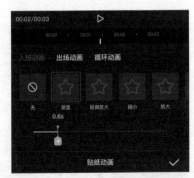

图5-18   图5-19

 提示

点击任意动画效果后，可在预览区域中对动画进行快速预览。在调整效果时长时，需要注意的是，数值越大，动画播放效果越缓慢；数值越小，动画播放效果则越快。

5.1.3 添加特效贴纸

　　特效贴纸在这里特指贴纸选项栏中自带动态效果的贴纸素材，如烟花粒子素材、进度条动画素材等，如图5-20和图5-21所示。相较于普通贴纸来说，特效贴纸由于自带动画效果，因此具备更高的趣味性和动态感，对于丰富视频画面来说是不错的选择。

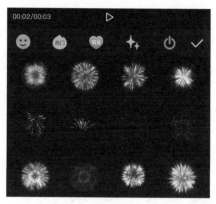

图5-20

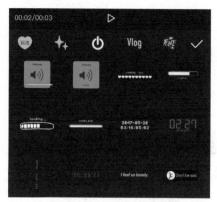

图5-21

技术指导：添加特效卡通贴纸

扫码看视频

　　添加特效贴纸的操作比较简单，由于特效贴纸自身具备动态效果，因此为用户节省了二次添加动画的操作时间。下面将继续使用上一节的操作练习文件，为大家演示添加特效卡通贴纸的操作方法。

步骤01 打开剪映，在主界面中点击上一节保存的剪辑项目文件，将其打开。

步骤02 进入视频编辑界面后，将时间线定位至视频起始位置，在未选中素材的状态下，点击底部工具栏中的"贴纸"按钮，如图5-22所示。

步骤03 打开贴纸选项栏后，向左滑动类别栏，然后点击其中的按钮，在贴纸列表中点击图5-23所示表情贴纸，完成后点击按钮。

图5-22

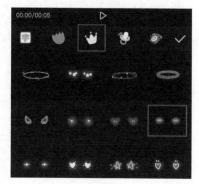

图5-23

提示

如果剪映中的剪辑项目丢失，可使用路径文件夹中的"小狗"视频素材来进行本案例的操作。

步骤 04 在选中表情贴纸素材的状态下，在预览区域中，将贴纸调整到合适的位置及大小（放置于小狗的脸颊部位）。接着，按住贴纸素材尾部的█图标向右拖动，将素材延长，使其与上方素材的长度保持一致，如图5-24所示。

步骤 05 将时间线定位至视频起始位置，在未选中素材的状态下，点击底部工具栏中的"添加贴纸"按钮█，如图5-25所示。

图5-24

图5-25

步骤 06 打开贴纸选项栏后，点击类别栏中的█按钮，然后在贴纸列表中点击图5-26所示贴纸，完成操作后点击█按钮。

步骤 07 在选中贴纸素材的状态下，点击底部工具栏中的"镜像"按钮█，如图5-27所示。

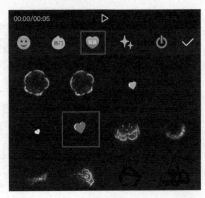

图5-26

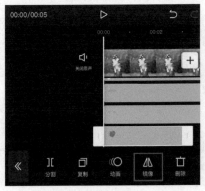

图5-27

步骤08 通过上述操作，可以将贴纸素材进行镜像翻转，更好地适应摆放需求。接着，在预览区域中，将贴纸素材摆放至合适位置，如图5-28所示。

步骤09 按住贴纸素材尾部的▯图标向右拖动，将素材延长，使其与上方素材的长度保持一致，如图5-29所示。

图5-28

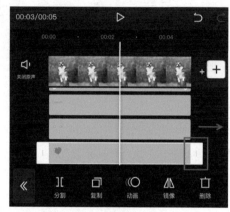

图5-29

步骤10 为了让效果更加完整，还可以为贴纸配上相应的音效，使动画效果更加有趣。将轨道区域放大，然后将时间线定位至第2秒第22帧位置，在未选中素材的状态下，点击底部工具栏中的"音频" ♪ →"音效"按钮 ✿，如图5-30所示。

步骤11 在音效列表中选择"综艺"种类中的"啵2"音效，如图5-31所示。

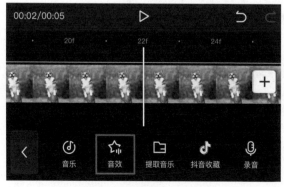

图5-30

图5-31

步骤 12 至此，就完成了添加特效贴纸的操作。点击视频编辑界面右上角的 导出 按钮，将视频导出到手机相册。最终视频画面效果如图5-32~图5-34所示。

图5-32

图5-33

图5-34

5.1.4 添加边框贴纸

边框贴纸，顾名思义就是在画面上方添加一个边框效果。在剪映的贴纸选项栏中，点击类别栏中的 ◻ 按钮，即可在贴纸列表中看到不同类型的边框贴纸素材，如图 5-35所示。

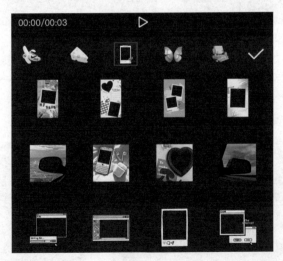

图 5-35

在进行视频处理时，如果画面周边过于空白、单调，不妨尝试着在画面上方添加一组边框贴纸。好看的边框不仅能够起到很好的美化作用，还能让视频主体更加突出，如图5-36和图5-37所示为在剪映中为视频添加边框贴纸前后的对比效果。

图5-36 图5-37

技术指导：为视频添加边框效果

下面将继续使用上一节的操作练习文件，为大家演示添加边框贴纸的操作方法。

扫码看视频

步骤 01 打开剪映，在主界面中点击上一节保存的剪辑项目文件，将其打开。

步骤 02 进入视频编辑界面后，将时间线定位至视频起始位置，在未选中素材的状态下，点击底部工具栏中的"贴纸" ⏺ →"添加贴纸"按钮 ⏺ ，如图5-38所示。

步骤 03 打开贴纸选项栏后，点击类别栏中的 ▢ 按钮，在贴纸列表中点击图5-39所示贴纸，完成后点击 ✔ 按钮。

 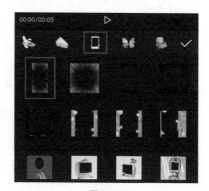

图5-38 图5-39

步骤 04 在选中表情贴纸素材的状态下，在预览区域中，将贴纸调整到合适的位置及大小。接着，按住素材尾部的 ▢ 图标向右拖动，将素材延长，使其与上方素材的长度保持一致，如图5-40所示。

步骤 05 将时间线定位至视频起始位置，在未选中素材的状态下，点击底部工具栏中的"添加贴纸"按钮 ，如图5-41所示。

图5-40　　　　　　　　　　　　　图5-41

步骤 06 打开贴纸选项栏，点击类别栏中的□按钮，在贴纸列表中点击图5-42所示贴纸，完成后点击✓按钮。

步骤 07 在预览区域中，将贴纸素材调整到合适的大小及位置，然后按住贴纸素材尾部的□图标向右拖动，将素材延长，使其与上方素材的长度保持一致，如图5-43所示。

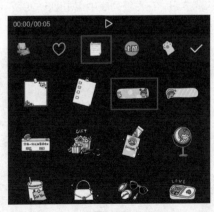

图5-42　　　　　　　　　　　　　图5-43

步骤 08 在选中贴纸素材的状态下，点击底部工具栏中的"动画"按钮 ，如图5-44所示。

步骤 09 打开贴纸动画选项栏后，在"入场动画"选项中点击"向右滑动"效果，并设置动画时长为1秒，如图5-45所示，完成操作后点击✓按钮。

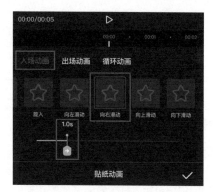

图5-44　　　　　　　　　图5-45

步骤 10 将时间线定位至视频起始位置，在未选中素材的状态下，点击底部工具栏中的"音频" ♪→"音效"按钮 ✧，如图5-46所示。

步骤 11 在音效列表中选择"魔法"种类中的"信号"音效，如图5-47所示。

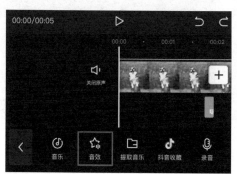

图5-46　　　　　　　　　图5-47

步骤 12 至此，就完成了添加边框贴纸的操作。点击视频编辑界面右上角的 导出 按钮，将视频导出到手机相册。最终视频画面效果如图5-48~图5-50所示。

图5-48　　　　　图5-49　　　　　图5-50

5.2 添加字幕：丰富信息的定位传递

在影视作品中，字幕就是将语音内容以文字的方式显示在画面中。对于观众来说，观看视频的行为是一个被动接受信息的过程，多数时候观众很难集中注意力，此时就需要用到字幕来帮助观众更好地理解和接受视频内容。

5.2.1 创建基本字幕

创建剪辑项目后，在未选中素材的状态下，点击底部工具栏中的"文本"按钮T，在打开的文本选项栏中，点击"新建文本"按钮A+，如图5-51和图5-52所示。

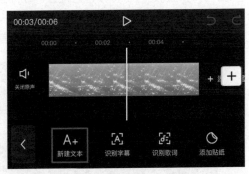

图5-51   图5-52

此时将弹出输入键盘，如图5-53所示，用户可以根据实际需求输入文字，文字内容将同步显示在预览区域，如图5-54所示，完成操作后点击✓按钮，即可在轨道区域中生成文字素材。

图5-53   图5-54

5.2.2 字幕的基本调整

在轨道区域中添加文字素材后，在选中文字素材的状态下，可以在底部工具栏中点击相应的工具按钮对文字素材进行分割、复制和删除等基本操作，如图5-55所示。

此外，在预览区域中可以看到文字周围分布着一些功能按钮，如图5-56所示，通过这些功能按钮同样可以对素材进行一些基本调整。

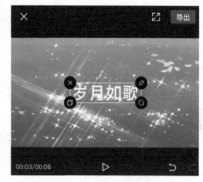

图5-55　　　　　　　　　　　　　　　　　　图5-56

在预览区域中，点击文字旁的◢按钮，或者双击文字素材，会打开输入键盘，可对文字内容进行修改；点击文字旁的◓按钮，可对文字进行缩放和旋转操作；按住文字素材进行拖动，可以调整素材的摆放位置。

在轨道区域中，按住文字素材，当素材变为灰色状态时，可左右拖动，以调整文字素材的摆放位置，如图5-57所示。在选中文字素材的状态下，按住素材前端或尾端的▯图标左右拖动，可以对文字素材的持续时间进行调整，如图5-58所示。

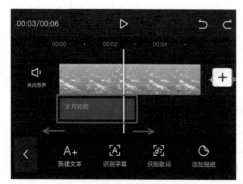
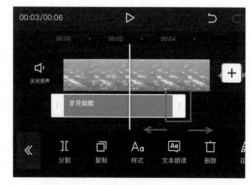

图5-57　　　　　　　　　　　　　　　　　　图5-58

5.2.3 设置字幕样式

在创建了基本字幕后，大家还可以对文字的字体、颜色、描边和阴影等样式效果进行设置。打开字幕样式栏的方法有两种。

第一种方法，在创建字幕时，点击文本输入栏下方的"样式"选项，即可切换至字幕样式栏，如图5-59所示。

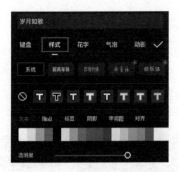

图 5-59

第二种方法，若用户在剪辑项目中已经创建了字幕素材，需要对文字的样式进行设置，则可以在轨道区域中选择字幕素材，然后点击底部工具栏中的"样式"按钮 Aa，从而快速打开字幕样式栏，如图5-60和图5-61所示。

图5-60

图5-61

技术指导：为文字添加样式效果

在字幕样式栏中，用户可以对文字进行优化调整，使文字在画面中更加协调和美观。下面就为大家演示创建字幕，并为文字添加样式效果的操作方法。

扫码看视频

步骤 01 打开剪映，在主界面中点击上一节保存的剪辑项目文件，将其打开。

步骤 02 进入视频编辑界面后，将轨道区域放大，然后将时间线定位至第2秒位置，在未选中素材的状态下，点击底部工具栏中的"文本"按钮 T，如图5-62所示。

步骤 03 进入文本选项栏后，点击"新建文本"按钮 A+，如图5-63所示。

图5-62

图5-63

步骤 04 弹出输入键盘，输入文字"爱宝 3岁"后，点击✅按钮。接着，在预览区域中，将文字素材调整到合适的大小及位置，然后按住素材尾部的▯图标向右拖动，将素材时长延长，使其尾部与上方素材的尾部对齐，如图5-64所示。

步骤 05 在选中文字素材的状态下，点击底部工具栏中的"样式"按钮▣，如图5-65所示。

图5-64

图5-65

步骤 06 打开字幕样式栏，在字体列表中点击"拼音体"，然后选择一个黑色描边样式，如图5-66所示。

步骤 07 在字幕样式栏中，切换至"阴影"设置栏，将阴影颜色设置为绿色，并调整阴影的"距离"为15，调整阴影的"角度"为-59°，如图5-67所示，完成设置后点击✅按钮。

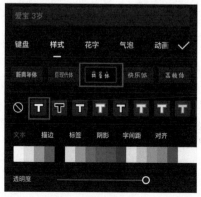

图5-66

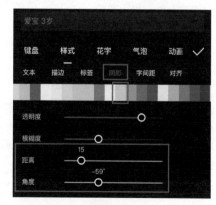

图5-67

步骤 08 选择文字素材，点击底部工具栏中的"动画"按钮◉，如图5-68所示。

步骤 09 打开动画选项栏后，在"入场动画"选项中点击"向右擦除"效果，并设置动画时长为1秒，如图5-69所示，完成操作后点击✅按钮。

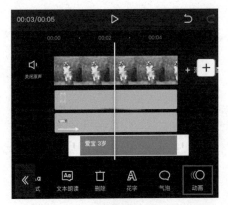

图5-68

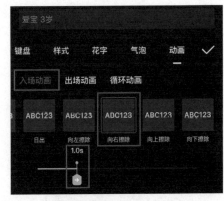

图5-69

步骤 10 至此，就完成了字幕的添加及样式的设置。最后，大家可以在剪辑项目中添加合适的背景音乐，完成后点击视频编辑界面右上角的 导出 按钮，将视频导出到手机相册。最终视频画面效果如图5-70~图5-72所示。

图5-70

图5-71

图5-72

5.2.4 语音转字幕

在使用手机制作一些解说、谈话类的短视频时，经常会有大段的念白，在后期视频处理时需要为每句话添加上相应的字幕。在传统的后期制作里，字幕制作需要创作者反复试听视频语音，然后根据语音卡准时间点将文字敲打上去，这样的做法势必会花费比较多的时间。

由于短视频讲求一定的时效性，在后期视频的处理过程中，大家可以尝试一些便捷高效的字幕转换手法，来有效地节省一些不必要的时间投入。下面就为大家介绍几种语音转字幕的操作方法。

1. 手机备忘录转换

现在大多数的智能手机都自带语音转文字的功能，一般通过内置手机备忘录，可以实现语音转文字的操作。以iPhone手机备忘录为例，如图5-73所示，打开备忘录新建一个空白文稿，选择和输入语言一致的键盘，如图5-74所示。

图5-73

图5-74

　　点击键盘底部的语音录入按钮 ♀ 后，即跳转至语音录制界面，如图5-75所示，此时用普通话匀速念出需要转换成文本的语句，系统会根据语音在文稿中生成对应文字，如图5-76所示。录制完成后，点击界面右下角的 ▦ 按钮可停止录制，然后将转换得到的文字复制并粘贴到剪辑项目中使用即可。

图5-75

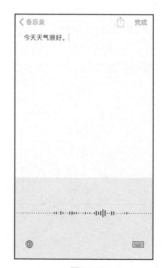

图5-76

提示

　　使用iPhone手机备忘录进行语音转文字操作时，需要通过手机进行实时录音，不支持导入已经录制好的语音素材进行转换。此外，在录制过程中要求普通话标准，保持匀速录入，否则会出现识别错误的情况。

2. 输入法语音转文字

手机输入法大家平时一定都接触过，大众比较熟知的有搜狗输入法、百度输入法和QQ输入法，它们不仅支持拼音、五笔、手写等常规输入方式，还支持语音输入。

输入法语音转文字的操作方法与上述手机备忘录转换的方法大致相同。以搜狗输入法为例，点击该输入法键盘顶部的🎤按钮，跳转至语音录制界面，如图5-77和图5-78所示。

图5-77

图5-78

在语音录制界面点击左上角的"普通话"按钮，可以在下拉列表中选择普通话、英语、粤语等录入语言，如图5-79所示，系统会根据用户选择的语言自动识别录入的语音，并转换为对应的文字，如图5-80所示。录制完成后，点击下方的"说完了"按钮即可。

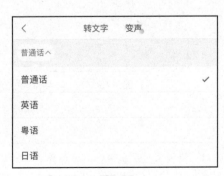

图5-79

图5-80

提示

相较于上述所讲的第一种语音转文字的方法，第三方输入法的录入显得更为精准迅速，准确率也相对会高一些。如果用户在使用上述方法转换字幕时，出现语音无法录入的情况，则可能是由于安装输入法后，没有开启手机麦克风使用权限造成的。此时只要在手机设置中开启输入法的麦克风使用权限，即可正常进行语音录入操作。

3. 语音识别功能转文字

目前市场上提供了许多可以将语音自动转换为文字的第三方App，它们的功能更加完善，录入的准确率和速度也不错。以"录音转文字助手"这款App为例，它不仅支持实时语音录入转文字，还具备"导入音频识别"功能，如图5-81所示。大家可以导入由专业人员录制的音频素材，然后使用"导入音频识别"功能对视频语音进行自动识别转换，从而有效避免实时录入时的紧张和失误，极大程度地方便了一些用户的制作需求。

图 5-81

提示

"录音转文字助手"App支持MP3、WAV、M4A格式的音频文件，可以选择从本地文件导入音频，也支持通过第三方软件分享导入。不足之处就是在未开通会员的情况下，仅支持导入1分钟且小于2MB的音频文件。

技术指导：使用自动识别字幕功能

剪映内置"识别字幕"功能，可以对视频中的语音进行智能识别，然后自动转换为字幕。通过该功能，可以快速且轻松地完成字幕的添加工作，以达到节省工作时间的目的。

扫码看视频

步骤 01 打开剪映，在主界面点击"开始创作"按钮➕，进入素材添加界面，选择"背景"视频素材，点击"添加到项目"按钮，将素材添加至剪辑项目。

步骤 02 进入视频编辑界面后，将时间线定位至视频起始位置，在未选中素材的状态下，点击底部工具栏中的"文本"按钮Ｔ，如图5-82所示。

步骤 03 打开文本选项栏后，点击其中的"识别字幕"按钮🅰，如图5-83所示。

图5-82

图5-83

步骤 04 弹出提示框后，点击其中的"开始识别"按钮，如图5-84所示，等待片刻，识别完成后，将在轨道区域中自动生成4段文字素材，如图5-85所示。

图5-84

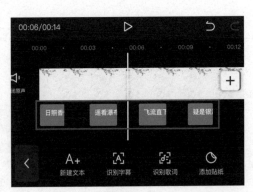

图5-85

步骤 05 在轨道区域中，选择第1段文字素材，然后点击底部工具栏中的"样式"按钮🅰，如图5-86所示。

步骤 06 打开字幕样式栏后，在字体列表中点击"圆体"，然后选择一个黑色描边样式，如图5-87所示。

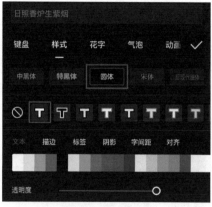

图5-86

图5-87

步骤 07 在字幕样式栏中，切换至"字间距"设置栏，调整文字间距为2，并在预览区域中将文字调整到合适的大小及位置，如图5-88所示，完成设置后点击✓按钮。

步骤 08 在选中文字素材的状态下，点击底部工具栏中的"动画"按钮◎，如图5-89所示。

图5-88

图5-89

步骤 09 打开动画选项栏后，在"入场动画"选项中点击"卡拉OK"效果，并设置动画时长为1.5秒，再设置动画颜色为淡紫色，如图5-90所示，完成操作后点击✓按钮。

步骤 10 完成上述操作后，得到的字幕效果如图5-91所示。

图5-90　　　　　　　　　　　　　　图5-91

步骤 11　在不改变起始时间点的情况下，在轨道区域中，分别将第2段、第3段和第4段文字素材向下拖动，使它们各自分布在独立的轨道中，如图5-92所示。

步骤 12　完成上述操作后，在轨道区域中调整4段文字素材的持续时长，使它们的尾部与"背景"视频素材的尾部对齐，如图5-93所示。

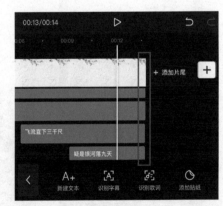

图5-92　　　　　　　　　　　　　　图5-93

步骤 13　在轨道区域中，选择第1段文字素材，点击底部的"样式"按钮 A，打开字幕样式栏后，取消选择"样式、花字、气泡、位置应用到识别字幕"选项（该选项默认为选中状态），如图5-94所示，这样就可以对字幕素材进行单独位移操作了。

步骤 14　依次选择第2、3、4段文字素材，在预览区域中对文字的摆放位置进行调整，完成后效果如图5-95所示。

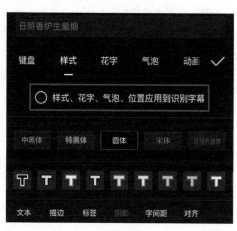

图5-94

图5-95

步骤15 参照步骤8和步骤9所讲的操作方法，对剩余3段文字素材添加"卡拉OK"动画效果。完成动画的添加后，点击视频编辑界面右上角的 导出 按钮，将视频导出到手机相册。最终视频画面效果如图5-96~图5-98所示。

图5-96   图5-97   图5-98

5.2.5 应用字幕动画

在完成基本字幕的创建后，大家还可以通过为字幕素材添加动画效果，来让画面中的文字呈现更加精彩的视觉效果。

在轨道区域中选择已经创建好的文字素材，点击底部工具栏中的"动画"按钮 ，如图5-99所示。可以看到，在打开的动画选项栏中，提供了入场动画、出场动画和循环动画这3种类别的动画，如图5-100所示。

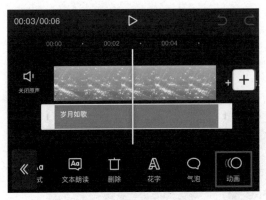

图5-99

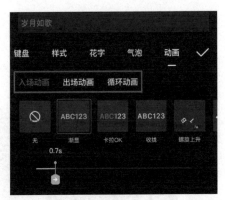

图5-100

技术指导：制作打字动画效果

扫码看视频

在看电影或电视剧时，会出现这样一种字幕效果，那就是在视频画面上的文字像打字一般逐个浮现，同时伴随着打字的背景音效。这种文字效果在剪映中可以轻松实现，在创建基本字幕后，为字幕素材添加相关动画效果，并添加背景音效，即可完成打字动画效果的制作。

步骤 01 打开剪映，在主界面点击"开始创作"按钮 +，进入素材添加界面，选择"月饼"图像素材，点击"添加到项目"按钮，将素材添加至剪辑项目。

步骤 02 进入视频编辑界面后，将时间线定位至起始位置，在未选中素材的状态下，点击底部工具栏中的"文本"按钮 **T**，如图5-101所示。

步骤 03 打开文本选项栏后，点击其中的"新建文本"按钮 **A+**，如图5-102所示。

图5-101

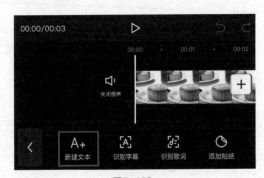

图5-102

步骤 04 弹出输入键盘，输入文字"月饼是久负盛名的传统糕点之一"，然后点击文本输入栏下方的"样式"选项，切换至字幕样式栏，在字体列表中点击"中黑体"，然后选择一个黑色描边样式，如图5-103所示。

步骤 05 在字幕样式栏中，切换至"字间距"设置栏，调整文字间距为4，并在预览区域中将文字调整到合适的大小及位置，如图5-104所示，完成设置后点击 ✓ 按钮。

图5-103

图5-104

步骤 06 完成上述操作后，创建的文本将自动添加到轨道区域；在选中文字素材的状态下，点击底部工具栏中的"动画"按钮⭕，如图5-105所示。

步骤 07 进入动画选项栏后，在"入场动画"选项中选择"打字机Ⅰ"效果，并将动画时长延长至1.8秒，如图5-106所示，完成后点击✔按钮。

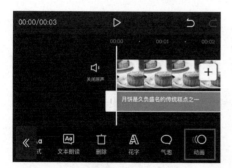

图5-105

图5-106

步骤 08 返回第一级底部工具栏，将时间线定位至起始位置；在未选中素材的状态下，点击底部工具栏中的"音频"🎵→"音效"按钮🔊，在音效列表中选择"机械"种类中的"打字声"音效，如图5-107和图5-108所示。

图5-107

图5-108

步骤 09 至此，就完成了打字动画效果的制作。点击视频编辑界面右上角的 导出 按钮，将视频导出到手机相册。最终视频画面效果如图5-109~图5-111所示。

图5-109

图5-110

图5-111

5.2.6 识别歌词

在剪辑项目中添加中文背景音乐后，通过"识别歌词"功能，可以对音乐的歌词进行自动识别，并生成相应的字幕素材，这对于一些想要制作音乐MV短片、卡拉OK视频效果的创作者来说，是一项非常省时省力的功能。

使用"识别歌词"功能的操作非常简单，下面为大家进行简单的演示。在剪辑项目中完成背景视频素材的添加和处理后，将时间线定位至需要添加背景音乐的时间点，然后在未选中素材的状态下，点击底部工具栏中的"音频"🎵→"音乐"按钮🎵，如图5-112所示。进入音乐素材库后，自行选择一首背景音乐添加至剪辑项目，如图5-113所示。

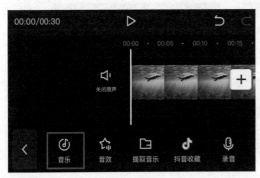
图5-112

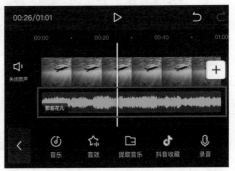
图5-113

提示

剪映的"识别歌词"功能暂时只支持识别中文歌曲。

返回第一级底部工具栏，在未选中素材的状态下，点击底部工具栏中的"文本"按钮T，如图5-114所示。打开文本选项栏后，点击其中的"识别歌词"按钮🎤，如图5-115所示。

图5-114

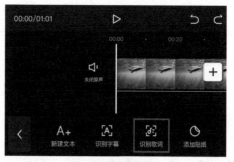

图5-115

弹出提示框后，点击其中的"开始识别"按钮，如图5-116所示。等待片刻，识别完成后，将在轨道区域中自动生成多段字幕素材，并且生成的字幕素材将自动匹配相应的时间点，如图5-117所示。

图5-116

图5-117

 提示

在生成歌词文字素材后，用户还可以对文字素材进行单独或统一的样式修改，以呈现更加精彩的画面效果。

5.3 视频特效：必不可少的吸睛元素

剪映为广大视频爱好者提供了丰富且酷炫的视频特效，能够帮助用户轻松实现开幕、闭幕、模糊、纹理、炫光、分屏、下雨、浓雾等视觉效果。只要用户具备足够的创意和创作热情，灵活运用这些视频特效，就可以分分钟打造出吸引人眼球的"爆款"短视频。

5.3.1 使用基础特效

在剪映中添加视频特效的方法非常简单，在创建剪辑项目并添加视频素材后，将时间线定位至需要出现特效的时间点，在未选中素材的状态下，点击底部工具栏中的"特效"按钮，即可进入特效选项栏，如图5-118和图5-119所示。

图5-118   图5-119

在特效选项栏中，通过滑动操作可以预览特效类别，默认情况下视频素材不具备特效效果，用户在特效选项栏中点击任意一种效果，可将其应用至视频素材，若不再需要特效效果，点击按钮即可取消特效的应用。

在"基础"特效栏中，用户可以选择开幕、心跳黑框、电影画幅、聚光灯、马赛克、闭幕、相机网格等特殊效果，只要使用得当，这类视频特效可以很好地帮助用户点缀视频的开场和结尾。

技术指导：画面局部马赛克处理 ↙

扫码看视频

大家在进行视频后期处理时，如果需要对视频画面的某一处进行马赛克处理，可以通过添加"马赛克"特效，并结合形状蒙版的应用来实现这一操作。

步骤01 打开剪映，在主界面点击"开始创作"按钮，进入素材添加界面，选择"小猫"图像素材，点击"添加到项目"按钮，将素材添加至剪辑项目。

步骤02 进入视频编辑项目后，对当前素材画面进行预览，效果如图5-120所示，下面将对小猫的脸部进行局部马赛克处理。

步骤03 将时间线定位至素材起始位置，在未选中素材的状态下，点击底部工具栏中的"特效"按钮，如图5-121所示。

图5-120

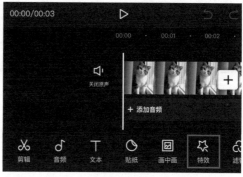

图5-121

步骤 04 进入特效选项栏，点击"基础"特效栏中的"马赛克"效果，如图5-122所示，完成后点击✓按钮。

步骤 05 在添加"马赛克"效果后，得到的对应画面效果如图5-123所示，可以看到此时画面全部被马赛克方块覆盖，下面通过蒙版功能来实现将马赛克效果仅应用在小猫的脸部。

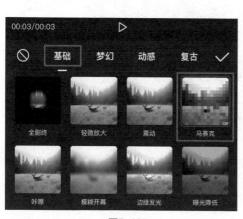

图5-122

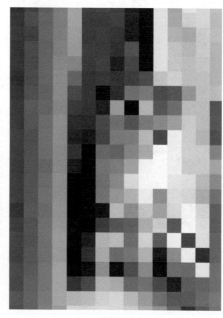

图5-123

步骤 06 返回第一级底部工具栏，在未选中素材的状态下，点击底部工具栏中的"画中画"按钮圓，继续点击"新增画中画"按钮圍，如图5-124和图5-125所示。

图5-124

图5-125

步骤 07 打开素材添加界面后，在其中再次选择"小猫"图像素材，点击"添加到项目"按钮，将该素材添加至剪辑项目，并在预览区域中对图像进行适当缩放，使其与底部的图像素材大小保持一致，如图5-126所示。

步骤 08 在选中上述素材的状态下，点击底部工具栏中的"蒙版"按钮回，如图5-127所示。

图5-126

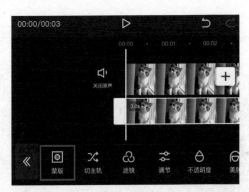
图5-127

步骤 09 进入蒙版选项栏后，选择"圆形"蒙版选项，此时在画面中将生成对应的圆形蒙版，如图5-128所示。

步骤 10 在蒙版选项栏中，点击"反转"按钮将圆形蒙版反转，然后将蒙版摆放至小猫的脸部位置，如图5-129所示，完成操作后点击✅按钮。

图5-128　　　　　　　　　　　图5-129

步骤 11　至此，就完成了画面的局部马赛克处理，处理前后效果如图5-130和图5-131所示。

图5-130　　　　　　　　　　　图5-131

5.3.2 使用梦幻特效

在特效选项栏的"梦幻"特效栏中，用户可以选择金粉、彩虹幻影、爱心跳动、星辰、蝴蝶等特殊效果。这类视频特效多数是以绚丽的光晕和粒子效果构成，可以营造出梦幻且具有童话氛围的画面效果。

技术指导：打造梦幻海景

扫码看视频

许多热爱旅行的朋友都喜欢拍摄一些风景视频，如果想让自己拍摄的风景视频更加的与众不同，可以尝试在画面中添加一些粒子或光晕特效，来进一步营造画面的梦幻感。

步骤 01 打开剪映，在主界面点击"开始创作"按钮⊞，进入素材添加界面，选择"沙滩"视频素材，点击"添加到项目"按钮，将素材添加至剪辑项目。

步骤 02 进入视频编辑界面后，将时间线定位至视频起始位置，在未选中素材的状态下，点击底部工具栏中的"画中画"按钮▣，继续点击"新增画中画"按钮⊞，如图5-132和图5-133所示。

图5-132

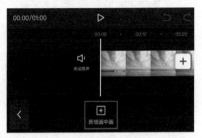

图5-133

步骤 03 打开素材添加界面后，在其中选择"天空"视频素材，点击"添加到项目"按钮，将该素材添加至剪辑项目，并在预览区域中对素材画面的大小及位置进行适当调整，如图5-134所示。

步骤 04 在轨道区域中选择"沙滩"视频素材，然后点击底部工具栏中的"滤镜"按钮◈，如图5-135所示。

图5-134

图5-135

提示

在添加画中画视频素材后，针对一些地平线不太明显的情况，如果想让两个画面的衔接处更加自然，可以为素材应用"线性"蒙版后调整羽化值，来使过渡更加自然。

步骤 05 进入滤镜选项栏后，选择"清透"滤镜效果，如图5-136所示，完成后点击☑按钮。

步骤 06 在轨道区域中选择"沙滩"视频素材，按住素材尾部的▯图标向左拖动，使素材的尾部与"天空"视频素材的尾部对齐，如图5-137所示。

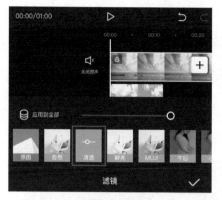

图5-136

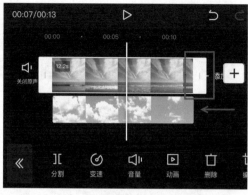

图5-137

步骤 07 完成上述操作后，点击视频编辑界面右上角的 导出 按钮，将视频导出到手机相册。接着，回到剪映主界面，点击"开始创作"按钮⊞，进入素材添加界面，选择上述操作中导出到手机相册的视频素材，点击"添加到项目"按钮，将素材添加至剪辑项目。

步骤 08 进入视频编辑界面，将时间线定位至素材起始位置，在未选中素材的状态下，点击底部工具栏中的"特效"按钮☆，如图5-138所示。

步骤 09 进入特效选项栏后，点击"梦幻"特效栏中的"星河"效果，如图5-139所示，完成后点击☑按钮。

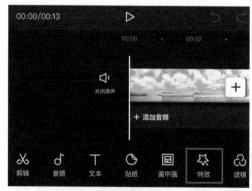

图5-138

图5-139

步骤 10 在轨道区域中选择"星河"特效素材，按住素材尾部的▯图标向右拖动，使素材的尾部与视频素材的尾部对齐，如图5-140所示。

步骤 11 返回第一级底部工具栏，在未选中素材的状态下，点击底部工具栏中的"音频"按钮♪ → "音效"按钮♬，如图5-141所示。

步骤 12 在音效列表中选择"魔法"种类中的"仙尘"音效，如图5-142所示。

图5-140

图5-141

步骤13 返回第一级底部工具栏，将轨道区域放大，然后将时间线定位至第4秒第10帧位置，在未选中素材的状态下，点击底部工具栏中的"贴纸"按钮 ，如图5-143所示。

图5-142

图5-143

步骤14 打开贴纸选项栏后，向左滑动类别栏，然后点击其中的 Vlog 按钮，在贴纸列表中点击图5-144所示贴纸，完成后点击 按钮。

步骤15 选择贴纸素材，在预览区域中将其调整至合适的大小及位置，如图5-145所示。

图5-144

图5-145

步骤 16 最后还可以根据个人喜好，在剪映音乐素材库中选择合适的背景音乐添加至剪辑项目。完成所有操作后，点击视频编辑界面右上角的 导出 按钮，将视频导出到手机相册。最终视频画面效果如图5-146~图5-148所示。

图5-146　　　　　　　　图5-147　　　　　　　　图5-148

5.3.3 使用纹理特效

在特效选项栏的"纹理"特效栏中，用户可以选择磨砂纹理、油画纹理、塑料封面、杂志、低像素、老照片等特殊效果。使用这类效果，可以有效地改善画面的质感，轻松营造出复古且带有岁月痕迹的画面。图5-149和图5-150所示分别为应用"油画纹理"和"老照片"特效后的画面效果。

图5-149　　　　　　　　　　　　　图5-150

5.3.4 使用动感特效

在特效选项栏的"动感"特效栏中，用户可以选择抖动、心跳、幻影、摇摆、闪动、毛刺等特殊效果。这类视频特效大多数是由绚丽、动感的光线构成，搭配一些强节奏的背景音乐可以营造出极具动感的视频效果。

技术指导:动感闪屏画面效果

动感特效非常适合搭配重低音舞曲来制作视频，将闪烁的画面与节奏点进行匹配，可以在一定程度上强化视频的节奏感，让观众情不自禁地跟随画面一起摇摆。

扫码看视频

步骤 01 打开抖音，进入主界面后点击右上角的 🔍 按钮，在搜索栏中输入音乐名称进行搜索，切换至"音乐"选项，点击图5-151所示音乐。

步骤 02 在打开的音乐界面中，点击"收藏"按钮，如图5-152所示，完成操作后退出抖音。

图5-151

图5-152

步骤 03 打开剪映，在主界面点击"开始创作"按钮 ➕，进入素材添加界面，选择"舞蹈"视频素材，点击"添加到项目"按钮，将素材添加至剪辑项目。

步骤 04 进入视频编辑界面后，在未选中素材的状态下，将时间线定位至视频起始位置，然后点击底部工具栏中的"音频"按钮 ♪，如图5-153所示。

步骤 05 进入音频选项栏后，点击"抖音收藏"按钮 ♪，如图5-154所示。

图5-153

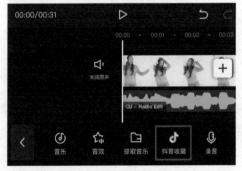

图5-154

步骤 06 在音乐素材库的"抖音收藏"选项栏中，可以看到刚刚在抖音中收藏的音乐，点击该音乐右侧的 使用 按钮，将音乐素材添加至剪辑项目，如图5-155和图5-156所示。

图5-155

图5-156

步骤 07 将时间线定位至"舞蹈"视频素材的尾端，选择音乐素材，点击底部工具栏中的"分割"按钮█，如图5-157所示。

步骤 08 完成素材的分割后，选择时间线后方的音乐素材，点击底部工具栏中的"删除"按钮█，如图5-158所示，将多余部分删除。

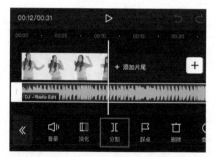

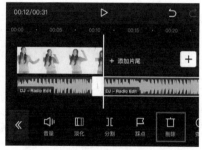

图5-157

图5-158

步骤 09 选择音乐素材，点击底部工具栏中的"踩点"按钮█，如图5-159所示。

步骤 10 打开踩点选项栏后，点击"自动踩点"按钮，将自动踩点功能打开，接着点击"踩节拍Ⅰ"按钮，如图5-160所示，完成后点击█按钮。

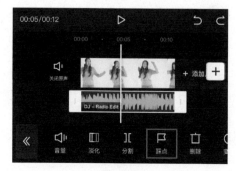

图5-159

图5-160

步骤11 完成上述操作后，在轨道区域中参照音乐节奏标记，对音乐素材进行"分割"操作，将音乐素材分为6段，如图5-161所示。

步骤12 将时间线定位至第1段音乐素材的起始位置，在未选中素材的状态下，点击底部工具栏中的"特效"按钮✦，如图5-162所示。

图5-161　　　　　　　　　　　　　　　图5-162

步骤13 进入特效选项栏后，点击"基础"特效栏中的"变清晰"效果，如图5-163所示，完成后点击☑按钮。

步骤14 在轨道区域中，选择上述操作中添加的"变清晰"特效素材，按住素材尾部的▯图标向右拖动，将其尾部与第1段音乐素材的尾部对齐，如图5-164所示。

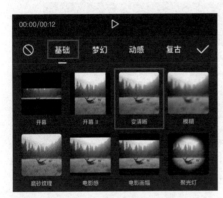
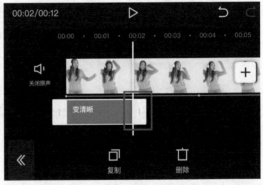

图5-163　　　　　　　　　　　　　　　图5-164

提示

　　放大轨道区域，将时间线定位到节奏标记点所处位置，这样操作会更加精准。

步骤15 将时间线定位至第2段音乐素材的起始位置，在未选中素材的状态下，点击底部工具栏中的"画面特效"按钮✦，如图5-165所示。

步骤16 进入特效选项栏，点击"动感"特效栏中的"灵魂出窍"效果，如图5-166所示，完成后点击☑按钮。

图5-165

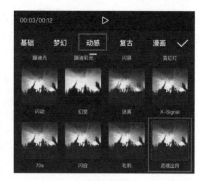

图5-166

步骤 17　选择上述操作中添加的"灵魂出窍"特效素材，按住素材尾部的▯图标向右拖动，将其尾部与第2段音乐素材的尾部对齐，如图5-167所示。

步骤 18　用上述同样的方法，继续在剪辑项目中应用"闪白""闪屏""闪白"和"抖动"特效，如图5-168所示。

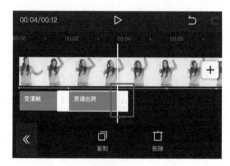

图5-167

图5-168

步骤 19　点击轨道区域右侧的▯+按钮，进入素材添加界面，在剪映素材库的"插入动画"类别中选择图5-169所示视频素材。

步骤 20　在轨道区域中选择第6段音乐素材，按住素材尾部的▯图标向右拖动，将其尾部与上述操作中添加的视频素材尾部对齐，如图5-170所示。

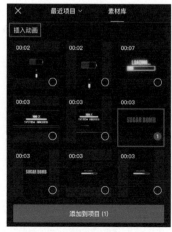

图5-169

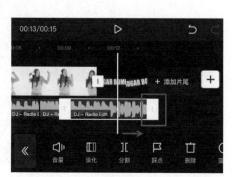

图5-170

步骤 21 最后，为结尾处的音乐素材添加淡出效果，完成视频的制作。点击视频编辑界面右上角的 导出 按钮，将视频导出到手机相册。最终视频画面效果如图5-171~图5-173所示。

图5-171

图5-172

图5-173

5.3.5 使用复古特效

在特效选项栏的"复古"特效栏中，用户可以选择录像带、监控、电视纹理、色差默片、荧幕噪点、色差故障等特殊效果，这类特效主要是通过在画面中添加一种朦胧感或噪点质地，使画面呈现出一种浓烈的复古氛围，非常适合在制作一些纪实影片和街访短片时使用。图5-174和图5-175所示分别为应用"90s画质"和"录像带"特效后的画面效果。

图5-174

图5-175

5.3.6 使用漫画特效

在特效选项栏的"漫画"特效栏中，用户可以选择三格漫画、冲刺、电光旋涡、黑白漫画、荧光线描等特殊效果，如图5-176所示。在剪辑项目中应用这类效果，并添加相应的字幕素材，可以帮助大家制作出一些漫画感十足的视频效果，让短视频充满趣味性。

图5-176

5.3.7 使用分屏特效

在特效选项栏的"分屏"特效栏中，用户可以选择三屏、黑白三格、六屏、九屏跑马灯等特殊效果，如图5-177所示。这类视频特效可以非常方便地将一个画面分隔为多个画面，并同时段进行播放。

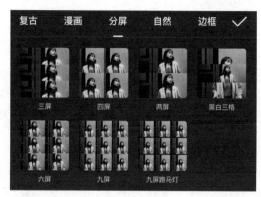

图 5-177

技术指导：制作三屏短视频

在短视频时代，竖屏视频比横屏视频更符合人们的观看习惯，对于一些经常拍摄横屏素材的创作者来说，将横屏转换为竖屏后，不仅会出现难看的黑边，还不能全面地展现画面的特效和内容。针对这种情况，大家可以尝试将素材进行三屏化处理。三屏视频是抖音等短视频平台上比较火爆的一种视频形式，这种视频形式不仅能摆脱难看的黑边，还能给观众营造出震撼的视觉效果。

扫码看视频

步骤 01 打开剪映，在主界面点击"开始创作"按钮 ⊞，进入素材添加界面，选择"花朵"视频素材，点击"添加到项目"按钮，将素材添加至剪辑项目。

步骤 02 进入视频编辑界面后，在未选中素材的状态下，点击底部工具栏中的"比例"按钮 ▣，如图5-178所示。

步骤 03 打开比例选项栏后，选择9∶16选项，如图5-179所示。

图5-178

图5-179

步骤 04 选择"花朵"视频素材，在预览区域中将素材画面适当放大，如图5-180所示。

步骤 05 返回第一级底部工具栏，在未选中素材的状态下，点击底部工具栏中的"滤镜"按钮，如图5-181所示。

图5-180

图5-181

提示

在设置画面比例后，如果不将素材画面适当放大，在之后制作三屏效果时可能会出现黑边。大家可以根据实际情况自行调整自己的素材画面。

步骤 06 打开滤镜选项栏后，选择"清透"滤镜效果，并调整滤镜强度为80，如图5-182所示，完成后点击✓按钮。

步骤 07 选择滤镜素材，按住素材尾部的图标向右拖动，使素材的尾部与"花朵"视频素材的尾部对齐，如图5-183所示。

图5-182

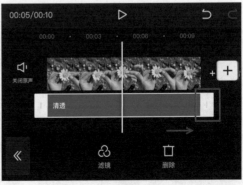

图5-183

步骤 08　完成上述操作后，点击视频编辑界面右上角的 导出 按钮，将视频导出到手机相册。接着，回到剪映主界面，点击"开始创作"按钮 ⊞，进入素材添加界面，选择上述操作中导出到手机相册的视频素材，点击"添加到项目"按钮，将素材添加至剪辑项目。

步骤 09　进入视频编辑界面后，将时间线定位至起始位置，在未选中素材的状态下，点击底部工具栏中的"特效"按钮 ☆，如图5-184所示。

步骤 10　进入特效选项栏后，点击"分屏"特效栏中的"三屏"效果，如图5-185所示，完成后点击 ✔ 按钮。

图5-184

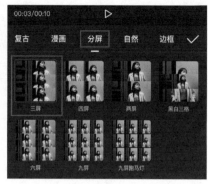
图5-185

步骤 11　在轨道区域中选择"三屏"特效素材，按住素材尾部的 █ 图标向右拖动，使素材的尾部与视频素材的尾部对齐，如图5-186所示。

步骤 12　最后还可以根据个人喜好，在剪映音乐素材库中选择合适的背景音乐添加至剪辑项目。完成所有操作后，点击视频编辑界面右上角的 导出 按钮，将视频导出到手机相册。最终视频画面效果如图5-187所示。

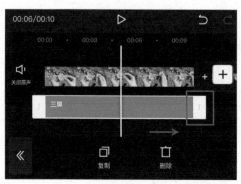
图5-186

图5-187

5.3.8 使用自然特效

在特效选项栏的"自然"特效栏中，用户可以选择烟花、闪电、爆炸、花瓣飘落、浓雾、落叶、下雨等特殊效果。通过这类效果可以人为地在画面中制造飞花、落叶、烟花、星空等修饰元素，如图5-188所示；也能人为地制造雪、浓雾、闪电、雨等天气元素，如图5-189所示。

图5-188

图5-189

技术指导：制作唯美古风视频

下面将结合蒙版及不同的视频特效，来制作一款唯美古风视频。

扫码看视频

步骤01 打开抖音，进入主界面后点击右上角的 🔍 按钮，在搜索栏中输入音乐名称进行搜索，切换至"音乐"选项，点击图5-190所示音乐。

步骤02 在打开的音乐界面中，点击"收藏"按钮，如图5-191所示，完成操作后退出抖音。

图5-190

图5-191

步骤03 打开剪映，在主界面点击"开始创作"按钮 ⊞，进入素材添加界面，在剪映素材库的"黑白场"类别中选择图5-192所示白场素材，完成选择后点击"添加到项目"按钮。

步骤 04 进入视频编辑界面，选择白场素材，点击底部工具栏中的"滤镜"按钮，进入滤镜选项栏，选择"牛皮纸"滤镜效果，如图5-193所示，完成后点击✓按钮。

图5-192   图5-193

步骤 05 返回第一级底部工具栏，将时间线定位至视频起始位置，在未选中素材的状态下，点击底部工具栏中的"音频"♪ → "抖音收藏"按钮♪，如图5-194所示。

步骤 06 在音乐素材库的"抖音收藏"选项栏中，可以看到刚刚在抖音中收藏的音乐，点击该音乐右侧的 使用 按钮，如图5-195所示。

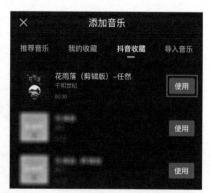

图5-194   图5-195

步骤 07 将音乐添加到剪辑项目后，选择音乐素材，点击底部工具栏中的"踩点"按钮，如图5-196所示。

步骤 08 打开踩点选项栏后，点击"自动踩点"按钮，将自动踩点功能打开，再点击"踩节拍Ⅰ"按钮，如图5-197所示，此时将生成8个节奏标记点。

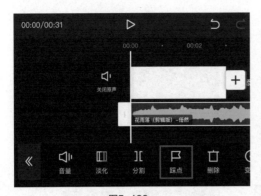

图5-196 图5-197

步骤09 将第2、4、6、8这4个节奏标记点删除，仅保留4个节奏标记点，如图5-198所示，完成操作后点击✓按钮。

步骤10 在轨道区域中选择白场素材，按住素材尾部的◻图标向右拖动，将其尾部与音乐素材的尾部对齐，如图5-199所示。

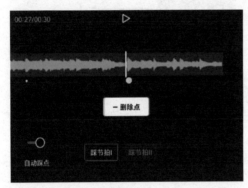

图5-198 图5-199

步骤11 将时间线定位至起始位置，然后在未选中素材的状态下，点击底部工具栏中的"画中画"按钮◻，然后点击"新增画中画"按钮◻，如图5-200和图5-201所示。

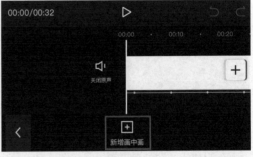

图5-200 图5-201

步骤12 进入素材添加界面后，选择"01"图像素材，点击"添加到项目"按钮，将其添加至剪辑项目；接着在轨道区域中选择"01"图像素材，按住素材尾部的◻图标向右拖动，将图像素材尾部与第2个节奏标记点对齐，如图5-202所示。

步骤13 用同样的方法，使用"画中画"功能依次将"02"～"04"这3张图像素材添加至剪辑项目，并根据节奏标记点调整素材长度，如图5-203所示。

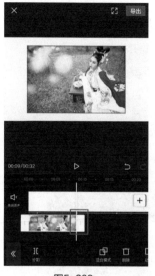

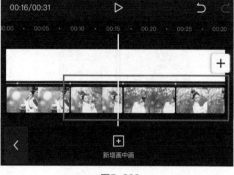

图5-202　　　　　　　　　　　　　　图5-203

步骤14 选择"01"图像素材，点击底部工具栏中的"蒙版"按钮 ◙，在打开的蒙版选项栏中选择"矩形"蒙版，然后在预览区域中对蒙版的大小及边缘羽化进行适当调整，如图5-204所示，完成后点击 ✓ 按钮。

步骤15 将时间线定位至起始位置，通过"画中画"功能在剪辑项目中添加"方形边框"素材，然后调整其时长，使其与视频总长度保持一致，并在预览区域中对图像进行旋转，将其调整至合适的位置及大小，如图5-205所示。

图5-204　　　　　　　　　　　　　　图5-205

步骤16 选择"02"图像素材，点击底部工具栏中的"蒙版"按钮◎，在打开的蒙版选项栏中选择"圆形"蒙版，然后在预览区域中对蒙版的大小及边缘羽化进行适当调整，如图5-206所示，完成后点击✓按钮。

步骤17 在选中"02"图像素材的状态下，在预览区域中调整素材至画面左侧，如图5-207所示。

图5-206　　　　　　　　　　图5-207

步骤18 选择"03"图像素材，将图像画面适当放大，接着，点击底部工具栏中的"蒙版"按钮◎，在打开的蒙版选项栏中选择"圆形"蒙版，然后在预览区域中对蒙版的大小及边缘羽化进行适当调整，如图5-208所示，完成后点击✓按钮。

步骤19 在选中"03"图像素材的状态下，在预览区域中调整素材至画面右侧，如图5-209所示。

图5-208　　　　　　　　　　图5-209

步骤20 返回第一级底部工具栏，将时间线定位至起始位置，在未选中素材的状态下，点击底部工具栏中的"贴纸"按钮 ，打开贴纸选项栏，点击其中的  按钮，在贴纸列表中点击图5-210所示贴纸，并在预览区域中调整贴纸至合适大小及位置，完成后点击  按钮。

步骤 21　选择上述添加的贴纸素材，按住素材尾部的 图标向右拖动，将贴纸素材尾部与第2个节奏标记点对齐，如图5-211所示。

图5-210

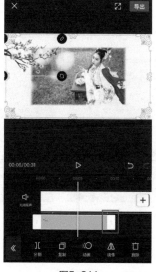

图5-211

步骤 22　将时间线定位至"02"图像素材起始位置，在未选中素材的状态下，点击底部工具栏中的"添加贴纸"按钮 ，打开贴纸选项栏，点击其中的 按钮，在贴纸列表中点击图5-212所示贴纸，并在预览区域中调整贴纸至合适大小及位置，完成后点击 按钮。

步骤 23　选择上述添加的贴纸素材，按住素材尾部的 图标向右拖动，将贴纸素材尾部与第3个节奏标记点对齐，如图5-213所示。

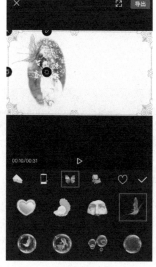

图5-212

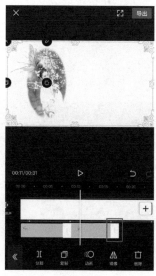

图5-213

步骤24 用同样的方法，继续在之后的素材画面中添加花枝贴纸，如图5-214~图5-216所示。

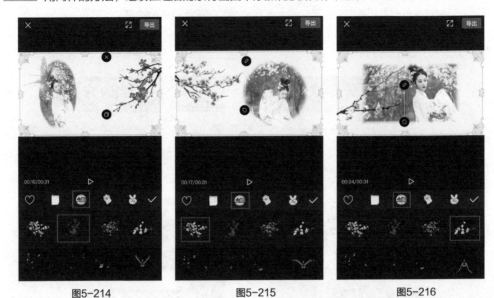

图5-214 　　　　　　　　　　图5-215 　　　　　　　　　　图5-216

步骤25 返回第一级底部工具栏，将时间线定位至"03"图像素材的起始位置，在未选中素材的状态下，点击底部工具栏中的"画中画"按钮，然后点击"新增画中画"按钮，进入素材添加界面，选择"圆形边框"图像素材，点击"添加到项目"按钮，将其添加至剪辑项目。将该素材的时间长度调整到与"03"图像素材一致，并在预览区域中调整边框至合适大小及位置，如图5-217所示。

步骤26 返回第一级底部工具栏，将时间线定位至视频起始位置，在未选中素材的状态下，点击底部工具栏中的"文本"按钮，如图5-218所示。

图5-217

图5-218

步骤 27 进入文本选项栏后，点击其中的"识别歌词"按钮 ，在弹出提示框中点击"开始识别"按钮，如图5-219所示。等待片刻，识别完成后，将在轨道区域中自动生成多段文字素材，并且生成的文字素材将自动匹配相应的时间点，如图5-220所示。

图5-219

图5-220

 提示

生成字幕素材后，大家最好先预览检查一遍，如果有错别字的话请及时修改内容。

步骤 28 在轨道区域中，选择第1段文字素材，然后点击底部工具栏中的"样式"按钮 Aa，如图5-221所示。

步骤 29 打开字幕样式栏后，在字体列表中点击"毛笔体"，然后选择一个白色描边样式，如图5-222所示。

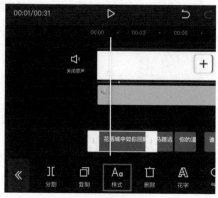

图5-221

图5-222

步骤30 在字幕样式栏中，切换至"字间距"设置栏，调整文字间距为10，并在预览区域中将文字调整到合适的大小及位置，如图5-223所示，完成设置后点击✓按钮。

步骤31 选择文字素材，点击底部工具栏中的"动画"按钮◎，打开动画选项栏，在"入场动画"选项中点击"渐显"效果，如图5-224所示，完成操作后点击✓按钮。

图5-223

图5-224

步骤32 用上述同样的方法，为后续的字幕素材设置入场动画，使字幕的过渡更加自然。

步骤33 返回第一级底部工具栏，将时间线定位至视频起始位置，在未选中素材的状态下，点击底部工具栏中的"特效"按钮※，如图5-225所示。

步骤34 进入特效选项栏后，点击"自然"特效栏中的"花瓣飞扬"效果，如图5-226所示，完成后点击✓按钮。

图5-225

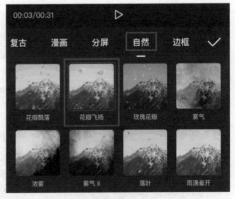

图5-226

步骤35 在轨道区域中选择"花瓣飞扬"特效素材，按住素材尾部的▯图标向右拖动，使素材的尾部与视频素材的尾部对齐，如图 5-227所示。

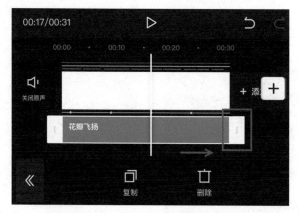

图 5-227

步骤36 完成所有操作后，点击视频编辑界面右上角的 导出 按钮，将视频导出到手机相册。最终视频画面效果如图5-228~图5-231所示。

图5-228

图5-229

图5-230

图5-231

5.3.9 使用边框特效

　　在特效选项栏的"边框"特效栏中，用户可以选择播放器、视频界面、荧光边框、电视边框、手账边框、报纸、取景框、胶片等特殊效果，来为画面添加一些趣味性十足的边框特效。图5-232和图5-233所示分别为应用"原相机"和"录制边框"特效后的画面效果。

图5-232 图5-233

人物美颜：镜头魅力最大化

大家在进行后期视频处理时，如果想对入镜对象的面部进行一些美化处理，可以使用剪映内置的"美颜"功能对面部进行磨皮及瘦脸处理，让人物镜头魅力实现最大化。

5.4.1 人物磨皮处理

如今手机相机的像素越来越高，在自拍时脸部的毛孔和痘痕时常无所遁形，这对于一些喜爱自拍的朋友来说其实是不太友好的。

在剪映中进行人物磨皮处理的操作非常简单，在选中素材后，点击底部工具栏中的"美颜"按钮，如图5-234所示。进入美颜选项栏后，可以看到提供了"磨皮"和"瘦脸"两个选项。选择"磨皮"选项，通过上方的数值滑块，可以对磨皮强度进行调整，如图5-235所示。大家在处理时可以根据肤色要求设置相应的磨皮力度，这样处理的效果会更加自然。

图5-234 图5-235

这里为大家讲解一个小技巧，若画面中的人物肤色较为暗沉，则可以在剪映中先添加一层提亮滤镜，再进行面部磨皮处理，这样可以很好地提亮人物肤色，并对皮肤上的瑕疵进行柔化处理。人物面部磨皮前后效果如图5-236和图5-237所示。

图5-236

图5-237

5.4.2 人物瘦脸

除了上一节讲的磨皮处理外，在美颜选项栏中，用户还可以切换至"瘦脸"选项，通过调整滑块，对面颊进行收缩处理，如图5-238所示。

图 5-238

该功能可以智能识别人物脸型，对人物面部进行瘦脸处理，让用户轻松塑造"巴掌"小脸。人物瘦脸前后效果如图5-239和图5-240所示。

图5-239 图5-240

视频模板：解锁爆款短视频

对于刚刚接触短视频制作，不了解视频拍摄技巧和制作方法的朋友们来说，剪映中的"剪同款"功能无疑会成为他们爱不释手的一项功能。通过"剪同款"功能，用户可以轻松套用视频模板，快速且高效地制作出同款短视频。

5.5.1 搜索短视频模板

打开剪映，在主界面点击"剪同款"按钮图，即可跳转至模板界面，如图5-241所示。在界面顶部的搜索栏中输入内容后进行搜索，即可找到该类型的短视频模板，如图5-242所示。

图5-241 图5-242

5.5.2 通过"剪同款"应用视频模板

　　使用剪映视频模板的方法非常简单：在确定需要应用的视频模板后，点击模板视频右下角的"剪同款"按钮，进入素材选取界面，如图5-243和图5-244所示。

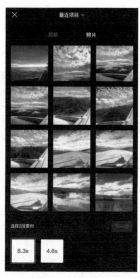

图5-243　　　　　　　　　图5-244

　　在素材选取界面底部，会提示用户需要选择几段素材，以及视频素材或图像素材所需的时长。在完成素材选择后，点击"下一步"按钮，等待片刻即可生成相应的视频内容，如图5-245和图5-246所示。

图5-245　　　　　　　　　图5-246

　　生成的短视频内容会自动添加模板视频中的文字、特效及背景音乐，在编辑界面中不仅可以对视频效果进行预览，还能对内容进行简单的编辑和修改。

在界面下方分别提供了"编辑视频"和"修改文字"选项，在"编辑视频"选项下，点击素材缩览图，将弹出"拍摄""替换"和"裁剪"这3个选项，如图5-247所示。其中，"拍摄"和"替换"选项是用来对已添加的素材进行更改操作的选项。点击"拍摄"按钮，将进入视频拍摄界面，如图5-248所示，此时可以拍摄新的照片来替换之前添加的素材；点击"替换"按钮，可以再次打开素材选取界面，重新选择素材进行替换操作。

如果在预览视频时，对画面的显示区域不满意，则可以通过"裁剪"选项打开素材裁剪界面，对画面进行裁剪，或移动裁剪框来重新选取需要被显示的区域，如图5-249所示。

图5-247

图5-248

图5-249

在编辑界面中，切换至"修改文字"选项，可以看到底部分布的文字素材缩览图，点击其中一个文字素材，将弹出输入键盘，此时可以修改选中的文字内容，如图5-250和图5-251所示。

图5-250

图5-251

第 **6** 章

平台的发布与共享

　　随着智能手机的普及和发展，手机不仅自带拍摄视频的功能，还有非常多的短视频平台可用，手机功能也越来越完善和人性化。因为篇幅有限无法为大家一一讲解，仅介绍几款热门好用的短视频平台。

6.1 视频传播：定向选择找准渠道

随着短视频行业的持续发展，短视频已经成为新媒体流量的重要入口和发展风口，也催生出了一大批短视频平台。本节便对目前主流的五大短视频平台逐一进行介绍。

6.1.1 抖音

抖音是一款面向全年龄段的音乐短视频创作与分享的社交软件，一经推出就深受众多热爱音乐的人所喜爱。抖音于2016年9月上线，发展迅速，截至2020年1月5日，抖音日活跃用户已突破4亿，是短视频平台中的领跑者。图6-1所示为抖音App图标。

图 6-1

抖音的成长历程非常具有代表性，它在初期邀请了一批音乐短视频领域的KOL（Key Opinion Leader,即关键意见领袖，在某领域拥有大批拥趸的人物）入驻平台，这些关键意见领袖带来了大量的流量，为抖音赚下了第一波核心用户。而后通过内容转型、开启国际化进程，进一步扩大用户群体，一跃成为当下最受年轻人追捧的短视频社交平台之一。图6-2~图6-4所示为抖音官方推出的宣传海报。

图6-2   图6-3   图6-4

1. 平台运营定位

抖音主要的运营定位为年轻人的音乐短视频社区，其主要用户受众可以分为以下3类。

● 内容生产者：这类用户就是通常所说的"网红"用户，他们处在每个App的前端。在抖音平台，这样的用户群体在音乐和短视频制作上都有很高的热情和专业度，会打造个人品牌，甚至商业矩阵，也会花精力运营粉丝和社群。

● 内容次生产者：这类用户追随内容生产者，通过模仿制作出自己的作品，抖音中的"拍同款"功能就是针对这类用户打造的。

● 内容消费者：这类用户没有强烈的自我表达意愿，通常是通过在平台上刷视频找寻乐趣，填补自己的碎片时间，或在这个过程中收获启发和知识。

上述3类用户的特点与目标如表 6-1所示。

表 6-1

用户分类	特点	目标
内容生产者	热情、专业	个人品牌、商业矩阵
内容次生产者	模仿、渴望表达	增加知名度或粉丝
内容消费者	表达意愿低	填补碎片时间、找寻乐趣

根据对这3类用户的特点与目标的了解，抖音短视频主要打造：首页推荐，系统会通过大数据分析，根据用户喜好或好友名单自动推荐内容；同城推荐，为用户推荐同城用户及周边内容；关注页，汇聚了账号关注的抖音号，用户可以看到关注的账号按时间发布的作品；消息页，可以查看粉丝、获赞、提到自己的人及对作品的评论；个人页，用户可以看到自己的主页、粉丝量和作品栏。图6-5~图6-7所示为抖音短视频各类别功能界面展示。

图6-5

图6-6

图6-7

2. 平台特色

抖音的平台特色主要有以下几点。

● 音乐唱跳、特色贴纸：音乐唱跳式玩法是抖音的特色之一，这也是吸引众多热爱音乐的年轻人入驻平台的重要因素。此外，抖音推出了众多特效贴纸及滤镜效果，帮助年轻用户不断拓展更多趣味玩法。

● 拍摄作品和故事：抖音是一个短视频音乐平台，更多的复杂功能会倾向于短视频的制作。抖音最长支持用户上传15分钟的视频，但推荐视频更多的是基于短视频推荐算法，长视频还没有进行大力推广，这也是符合其定位的。

● 热搜和热门话题：用户在搜索区域可以看到抖音热搜及热门话题，同时会根据用户喜好提供相关搜索建议。用户可以根据这些热搜找到自己感兴趣的内容，增加了社交性和互动性，也让很多短视频和当下热点产生联系。

6.1.2 快手

快手是北京快手科技有限公司旗下的产品，其最初是一款处理图片和视频的工具，后来转型为一个短视频社区。快手强调人人平等，不打扰用户，是一个面向所有普通用户的产品。图6-8~图6-10所示为快手官方推出的宣传海报。

图6-8　　　　　　　　图6-9　　　　　　　　图6-10

在用户数量爆发增长期间，快手在产品推广上没有刻意地策划事件和活动，一直依靠短视频社区自身的用户和内容运营，聚焦于社区文化氛围的打造上，并依靠社区内容的自发传播。

1. 平台运营定位

在每天都有新奇事情发生的今天，人们的注意力越来越难以集中。在这种情况下，快手依然能保持用户的高黏性和高复用率，并异军突起，主要原因在于快手找准了以下3个定位。

● 用户定位：快手满足了被主流媒体和主流创业者所忽略的人群——普通人，而非"网红"的需求。在当下互联网资源集中达到前所未有程度的时代，快手更早地突破了这层边界，成为一个为普通人提供记录和分享生活的平台。

● 运营定位：快手坚持不对某一特定人群进行运营，也不对短视频内容进行栏目分类，或者对创作者进行分门别类。

● 内容定位：快手是一个用短视频的形态记录和分享生活的视频平台，用户主要用它来记录生活中有意思的人和事，并开放给所有人。

人们常常会将快手和抖音放在一起对比，其实这两个平台在运营和定位上各有自己的专注点，具体如表6-2所示。

表6-2

对比项目	快手	抖音
产品定位	记录、分享和发现生活	音乐、创意和社交
目标用户	三四线城市和农村用户居多	一二线城市和年轻用户居多
人群特征	自我展现意愿强烈，好奇心强	碎片化时间多，对音乐感兴趣
运营模式	规范社区、内容把控	注重推广，扩大影响

2. 平台特色

快手的平台特色主要有以下几点。

● 拍摄作品：进入快手页面后，首先显示的是"发现"栏，定位是将最新发表的短视频个性化地推荐给用户。"个性化"的意义在于生产内容的用户可以曝光最新录制的视频，而观看用户会接收没看过的和感兴趣的内容。对于观看用户而言，"热度＋个性化"是他们更为在意的。

● 直播和对决：在满足快手直播开通权限的情况下，平台用户可以开通直播功能。在直播的同时，快手还有主播对决小游戏和观众投票环节，对决失败的一方要接受惩罚，如真心话大冒险、跳一段舞或唱一首歌等。

● 同城推荐：用户在首页点击"同城"选项，可以看到同城的快手短视频制作者或直播播主的推荐，同时会显示距离，以增强用户之间的互动性。

6.1.3 西瓜视频

西瓜视频是字节跳动公司旗下的个性化短视频平台，它可以通过人工智能帮助每个人发现自己感兴趣的视频类型，并帮助视频创作者轻松地向外界分享自己的视频作品。用户可以单独下载西瓜视频的App进行使用，界面如图6-11所示；也可以从今日头条App上打开，如图6-12所示。

图6-11

图6-12

1. 平台运营定位

在短视频领域，如果说抖音和快手争夺的是竖屏市场，那么西瓜视频争夺的就是横屏市场。横屏与竖屏的最大不同是内容源不同，一般横屏视频是通过传统的数码摄相机拍摄的，而竖屏视频则是通过手机拍摄的。后者意味着会产出大量的原创且简单易得的短视频，而前者则面向已有的存量内容和优质精选内容。西瓜视频的本质是一款去掉图文的今日头条，它首先是信息流资讯，其次才是一种内容形式的视频。

创作者为西瓜视频平台提供内容，同时获得收入分成；广告商为西瓜视频提供收入，同时获得流量；用户为西瓜视频提供流量，同时获得内容。三者形成一个闭环，彼此赋能并推动彼此增长。图6-13所示为西瓜视频生态的三方——用户、创作者和广告商的关系。

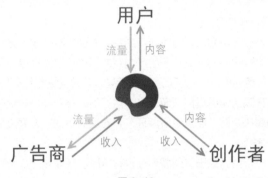

图 6-13

2. 平台特色

西瓜视频的平台特色主要有以下几点。

● 长短兼备：西瓜视频不仅具有趣味、高效的短视频，还有内容更专业、丰富，传达的信息更有体系化的长视频。在运营上西瓜视频主张"以短带长，以长助短"，灵活地将各类视频的优劣进行互补，让用户黏性极大增强。

● 高额补贴：西瓜视频有一套成熟的培训体系，并且能提供定期的技能培训，可以帮助创作者快速在西瓜视频成为专业的内容生产者。此外西瓜视频有利好的政策扶持，比如3+x变现：平台分成升级（日常流量六倍的分成收入）、边看边买（商品卡片）、西瓜直播，这些政策都能够帮助短视频创业者实现商业变现。

● 版权引入：内容是行业竞争的唯一壁垒，有了更专业的内容，就可以沉淀更多高质量的用户，极大地降低获取用户的成本。因此西瓜视频引入了大量国内外的优秀电影资源，其典型代表就有2020年初的贺岁电影《囧妈》。

6.1.4 微视

微视是腾讯旗下的短视频创作平台与分享社区，用户不仅可以在微视上浏览各种短视频，还可以通过创作短视频来分享自己的所见所闻。此外，微视还结合了微信和QQ这两大社交平台，用户可以将微视上的视频在这两个社交平台上进行分享。

1. 平台运营定位

　　相对于抖音、快手这类"自然生长"的短视频平台来说，微视更像是腾讯布局在短视频领域中的一枚棋子。因此微视的定位很清晰，就是需要在短时间内快速进入短视频第一梯队，切入短视频社交领域，挖掘更多机会点，也希望借这个机会成为像微信这样的腾讯战略级产品。

　　微视在渠道和营销方面，借助微信、QQ、应用宝等产品的导流降低了用户的获取成本，再加上现金红包推广、腾讯视频综艺联动（如微视拥有专属点赞通道、选手独家内容）等玩法推动很多用户跨越"注意—兴趣—记忆—欲望—行动"的漫长链条直接进行下载。在学习成本上用户更是不需要付出什么，相似的产品结构和交互方式让抖音用户可以快速上手微视，如图6-14所示（其中左图为抖音界面，右图为微视界面）。

图6-14

2. 平台特色

　　微视平台特色主要有以下几点。

　　● 跟拍功能：微视的跟拍功能不仅使用该视频的原声进行拍摄，在拍摄过程中的页面上，用户还可以通过小窗口看到原发布者的视频，便于参考和跟拍。这对模仿手势舞、全身舞的用户非常方便，能够避免拍摄过程中忘记动作的问题。

　　● 泡泡贴：泡泡贴类似于弹幕，用户可以在短视频播放的某一时间节点把泡泡贴拖至某一位置，在上面写上想说的话，字数上限为16个字。泡泡贴能有效帮助观众减少孤独感、增加参与度，在长视频上尤其能体现其重要性。

　　● 歌词字幕：歌词字幕作用在创造环节，用户选择视频配乐后，可以选择展现歌词字幕，方便跟唱或是利用歌词为画面渲染气氛。微视的音乐资源已经和QQ音乐打通，官方曲库资源比抖音更为丰富。

6.1.5 美拍

美拍是一款可以直播、制作小视频的App，尤其深受女性用户的喜爱。美拍由厦门美图科技出品，该公司成功孕育过众多产品，软件方面有美图秀秀、美颜相机、美妆相机、柚子相机、Beauty Plus等，在硬件方面推出过美图手机。美拍便是美图公司在短视频领域所推出的旗舰产品。

1. 平台运营定位

美拍的产品定位非常明确，就是美图科技在短视频领域的拓展，同时搭配美图科技在美化图片方面的特长，对照片或者视频进行美化修饰。美拍App在拍摄界面就有"美化"功能，如图6-15所示。因此美拍的用户定位主要是那些追求更精致的视频效果和更美画面感的人群。美拍凭借简单易用的操作方法和对视频的美化功能成功吸引了大量用户，从而占得了市场的一席之地。

图6-15

2. 平台特色

美拍平台特色主要有以下几点。

● 简单好用的工具：美拍提供MV特效、独家滤镜、照片美化、照片电影等多种简单好用的工具。比如照片电影，用户只需导入3~6张图片，然后套用系统提供的模板，就会生成一部"照片电影"，这部电影的内容是每隔一段时间使用酷炫的特效切换用户选定的照片，达到和视频处理一样的效果。

● 专业化的兴趣社区：美拍除了可以像抖音那样不断下拉刷新视频流让用户观看外，还设有"美妆""穿搭""美食""舞蹈""宝妈"等多个垂直频道，可以让用户主动选择自己喜欢的垂直类内容，这样就可以让各个领域具有相同喜好的用户相互交流和互动，由此形成兴趣社区。

6.2 正确发布：规则节点需把握

短视频创作者一定要了解国家对短视频行业的相关法规及平台规则，严格做到遵守规则，不触碰红线，才能保障账号的安全运营。

6.2.1 符合国家法律法规

短视频的快速走红吸引了一大批企业和资本逐浪，伴随着短视频行业竞争进入白热化阶段，视频内容低俗化的情况屡有发生。一些视频创作者被利益驱使，不潜心生产优质内容，只为拿到项目补贴和分成，为了在短时间内吸引更多粉丝，竞相制作违规的视频内容来博人眼球。

然而网络不是法外之地，广大视频创作者要知道短视频是新媒体产品，也是互联网产品，创作者们要重视国家法律法规，传播视频内容要讲求"要能量、更要正能量"的原则，要积极实现内容的健康传播，坚持正确的内容和价值取向一定会是短视频产业的铁律。

事实上，在监管力度日益增强的当下，很多网站已经开始对内容进行高标准把关。对于创作人员来说，一定要注重内容价值。在创作短视频时，首先要遵守法律法规，同时要遵守各个运营平台的规则，做好短视频传播内容的第一把关者。

6.2.2 遵守平台商业规则

每个视频平台都有自己的规则，按照规则的基本差异，平台可分为内容型平台和商品型平台。内容型平台禁止在视频中直接售卖商品，也不允许商品的售卖信息直接出现在短视频中；而商品型平台本身是提倡电商的，以淘宝卖家秀为代表，支持在视频中进行商品销售。

用户在使用平台发布作品前，务必先了解平台制定的规则和制度，以免后期上传的作品由于违规导致下架，造成损失。图6-16和图6-17所示为抖音短视频平台的"社区自律公约"界面。

图6-16

图6-17

6.2.3 避免侵权盗版行为

国家版权局开启"剑网2018"专项行动后，有15家短视频平台下架删除各类涉嫌侵权盗版短视频作品。除此之外，国家版权局约谈了抖音短视频、快手、西瓜视频、火山小视频、美拍、秒拍、微视、梨视频、小影、56视频、火萤、快视频、哔哩哔哩、土豆、好看视频等15家企业，责令相关企业进一步提高版权保护意识，建立审核制度等，同时下架涉嫌侵权的作品。

6.2.4 争取发布黄金时间

对于短视频来说，发布时间是非常重要的因素，选择在恰当的时间发布短视频，不仅有助于获取更大的点击量，还能促使用户形成固定的观看习惯。

如果短视频的用户是上班族，那么在工作日期间可以将视频的发布时间锁定在以下几个时间段。

● 早上7:00至9:00：这个时间段用户多数在公交车和地铁上，他们会利用上班途中的碎片时间浏览视频。

● 中午11:30至14:00：这个时间段用户上午的工作通常已结束，经过一个上午的辛勤工作，在就餐和午休时间刷视频，毫无疑问是放松的良好选择。

● 下午17:00至18:00：这个时间段用户多处于准备下班或已经下班的状态，在下班途中会利用碎片时间来刷视频。

● 晚上21:00至00:00：这个时间段为用户临睡期间，大家都会利用这个时间段好好放松自己，这也是一天之中流量比较高的一个阶段。

虽然上述几个时间段的确有很大的流量，但大家也不能一味地参照这个时间来发布自己的视频，建议大家根据自己的视频定位、粉丝活跃数据来灵活制订发布时间。另外，最好养成固定的发布时间，这样才能方便流量池更好地识别账号。

6.2.5 抓住用户集中时段

数据显示，平均每位"抖友"每天的观看时间约为20.5分钟，即至少可以看80多个完整的抖音短视频。这20分钟并非完整的时间段，而是由碎片化的观看时间拼凑起来的。据统计，在抖音某一天更新的2万个视频中，破1000个发布量的主要是13:00到22:00这段时间，如图6-18所示。

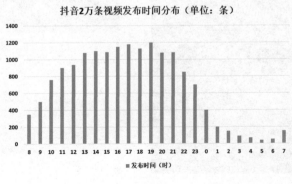

图 6-18

图中峰值为1200条左右，最接近的是17:00和19:00，而在23:00后出现断崖式下降。我们不难看出，抖音用户最活跃的时间为下午到晚上。而17:00至19:00为下班时间，大部分"抖友"都处在回家后吃饭的档口，这也是发布视频的集中时段，因为在卸下了一天的疲惫后，需要娱乐来转换；也只有这个时段才最为闲暇，最有可能去拍摄视频。

点赞数量的分布则略有不同，虽然同样集中在下午到晚上，但峰值出现在13:00和18:00这两个时段，如图6-19所示。其实这很好理解，一个是午休时间，一个是回家的路上。有了数据的支持，就很容易判断视频发布的节点——跟着峰值走。如果"抖友"们想要自己的视频被更多人看到，不妨选择这两个峰值时间段发布。

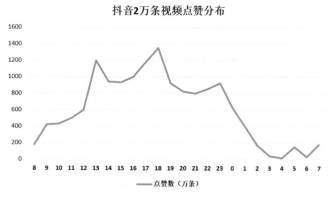

图 6-19

综合以上两个统计图来看，18:00左右既是发布高峰期，也是点赞高峰期；而13:00视频发布量相对较少，点赞数却处于第二峰值，显然竞争也更小。从"性价比"来看，13:00是最佳的发布时间。不过也不能一概而论，特定的主题、特殊的节日、独特的商品，都有可能成为影响因素。

因为"抖友"们存在喜好分类，并不是每一个"抖友"都是视频营销的核心用户群。

提示

这里为大家延伸讲解一下1：5000：100原则。这一原则是指发布的视频播放量最好能在1小时内突破5000次，点赞数大于100次，这样得到抖音后台系统推荐的概率就会大很多，上热门的概率也会增加。接下来如果顺利，播放量很可能会直线飙升到10万次左右，甚至可能爆发到100万次以上。并不是说只有"大V"才有机会爆发，抖音的更新量和刷新机制对绝大多数"抖友"都是公平的。

6.2.6 熟人转发加快传播

对于还未积累起一定数量用户的视频创作者来说，在发布视频后的第一时间进行社交圈转发，可以非常有效地提高短视频的播放量。其中比较推荐的是通过熟人进行转发，如果方法得当，能在短时间内实现"一传十，十传百"的传播效果，如图6-20所示。

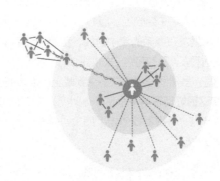

图 6-20

熟人转发需要依托于现有的社交资源来进行，掌握如何在不引起他人反感的情况下达到增加视频曝光度的目的，学会技巧性地拜托熟人在第一时间对短视频进行转发就很有必要了。

 提示

社交媒体经济学中有一个概念是社交货币，这是一个用来衡量人们究竟愿意在社交平台上分享何种内容的概念。众所周知，在社交平台上进行分享是一个非常私人的事情，人们往往认为分享的内容可以体现自己的思想与品位，所以在他人要求帮忙转发时会在潜意识里认为是对方强加给自己的，因此会产生一定的抵触心理。

综上所述，大家首先需要建立一个良好的社交关系，增强转发效果，进而扭转人们抵触转发的思维定式，具体可以从以下几个方面入手。

1. 建立良好互助关系

从古至今，国人向来讲究"礼尚往来"的精神，在社交过程中，一味地要求别人帮忙是很容易招人厌烦的。如果大家能建立一个良好的互助关系，当别人向你求助时，在能力范围内尽量给予帮助，那么这就会形成一个"互帮互助"的良性循环。

2. 选择对短视频感兴趣的熟人

拜托熟人帮忙把短视频分享到社交平台上的时候，熟人其实就是最初的内容受众，因此尽量选择需求导向一致的熟人帮忙转发。当熟人对视频内容产生兴趣的时候，就意味着该短视频比较符合他的品位，那么他自然而然会主动去分享，并且还会配上真情实意的高评价，这样才能达到最好的转发效果。

3. 控制好求助频率

在向熟人求助的过程中，必须要控制好求助的频率，不能让这件事成为你们之间主要的交流内容。如果你平时很少和对方交流，甚至是不交流，那突然向其求助，一次两次对方会同意，但是长此以往会让对方觉得你是在利用他。这样不仅会使对方不愿再帮忙分享，而且还可能会造成关系破裂。

除了拜托熟人帮忙，为了提高短视频的第一时间转发率，大家在制作完短视频后也可以发布在自己的社交平台上，如抖音、快手、微视等短视频平台，或者是微信朋友圈、微博、小红书这些用户量巨大的社交平台。这样做可以使短视频的播放量得到大幅度增加，同时也可帮助大家吸引更多的粉丝。

6.2.7 把握平台推荐机制

每个平台的推荐机制和内容要求都不一样，在发布短视频之前，大家最好先了解一下发布平台的推荐机制，慢慢更新和调整内容来适应。

以抖音为例，该平台通常会从视频的播放量、评论量、点赞量和转发量这4个方面来评判内容是否优质，然后参考这些数据决定是否将内容推向更多的受众。当作品发布后，首先进入的是一个小的流量池，当播放量、评论量、点赞量和转发量都达到一定的标准后，抖音才会将它放入更大的流量池，让更多的用户看到。

需要注意的是，短视频平台的推荐机制并不是一成不变的，一方面平台会利用交互信息来理解视频和观众，另一方面也会与时俱进，让平台算法能更准确地反映用户的真实喜好。

6.3 避免雷区：优质内容才是制胜法宝

在短视频的制作过程中常会遇到一些雷区，短视频创作者提前了解这些雷区，可以少走弯路，大幅提升短视频作品的质量。

6.3.1 避免沦为"标题党"

随着移动互联网的普及，网上铺天盖地的"标题党"显然已经无法获得观众的注意，反而经常会因为哗众取宠引发大片的负面评价。针对这种情况，平台方也陆续出台了一些规则来阻止"标题党"的进入，例如，今日头条禁用"震惊"和"万万没想到"等耸人听闻的夸张词汇。

6.3.2 视频定位要清晰

美国著名营销专家艾·里斯和杰克·特劳特认为，定位要从一个产品开始，但定位不是对产品要做的事，而是对预期客户要做的事。换句话说，要在预期客户的头脑里给产品定位，确保产品在预期客户的头脑里占据一个真正有价值的地位。定位理论的核心内容可以概括为"一个中心两个基本点"，即以"打造品牌"为中心，以"竞争导向"和"消费者心智"为基本点。

对于短视频创作者来说，空白地带恰恰是定位理论的空间所在。如果把定位理论的精华合理地为己所用，就能事半功倍地打造短视频品牌。如果定位模糊，用户无法判断这位短视频创作者的核心定位是什么，创作者的短视频就无法占据用户的心智，从而很难长期获得用户的关注。

6.3.3 画面质量很关键

如果短视频创作者拍摄短视频的时候不能掌握一些技巧，如画面过于抖动，就会导致画面质量变差，用户在观看时会产生眩晕感。

无论采用推、拉、摇、移、俯、仰等何种手法拍摄，保持画面的稳定和清晰是对短视频最基本，也是最重要的要求，这是对用户最基本的尊重。

6.3.4 追求热点要慎重

追热点是为了让短视频得到更好的传播，但短视频创作者也不能一味追求热点，更不应该每个热点都追。短视频创作者应该在对自身定位和调性有深入了解的情况下，对热点进行二次加工，使其契合自己的调性和受众的期望，如果一味地追热点，会让受众对账号的认知变得模糊。

此外，每一个短视频创作者在借助新媒体的力量收获金钱和荣誉的时候，也需要考虑如何尽好一个公众人物应有的责任。

这里需要注意，有5个热点不能追，分别是政治敏感话题、戏谑历史人物、违背公序良俗、未经确定的负面新闻及各种谣言。

6.3.5 注重原创及需求

再优秀的营销和推广，也只能起到增加引流效率和提高变现机会的作用，最终是否能够持续变现，看的还是内容和干货。毫无内容的短视频，即便营销得当，吸引了大批粉丝，也会因为后继无力而迅速脱粉。在竞争日益激烈的短视频市场中，学着分析用户需求，不断寻求内容上的创新和突破，才能实现持续变现。

粉丝需要合理经营，才能转化为购买力，如图6-21所示；流量也需要经营，才能变现，而原创内容总要贯穿始终。

图 6-21

6.3.6 结合内容传递广告价值

广告有两类，分别是硬广告和软广告。如果短视频作品只是一条硬广告，并没有其他内容和场景，就很容易给用户造成不适的感受。

视频广告最终还需要在软广告上多下工夫，把视频内容和广告结合起来，使内容本身成为广告，而广告本身也就是内容。

第 **7** 章

短视频运营怎么做

　　短视频经过策划、制作、剪辑等流程后，就进入了运营环节。一个账号要想长期受到关注，光有内容是远远不够的，只有配合切实有效的运营才能打造出爆款。短视频运营的核心主要有3个部分，分别是平台运营、用户运营和数据运营。

7.1 掌握多种变现模式

短视频行业瞬息万变，但变现始终是视频创作者们关心的一个核心问题。如今，抖音、快手、西瓜视频、今日头条、大鱼号等平台，纷纷拿出丰厚的补贴政策、流量扶持和商业变现计划，抢夺着优质的短视频资源。但对于许多短视频团队来说，单靠平台补贴是远远不够的，更多的还得从广告、电商等方面入手。

本节就为大家介绍几种目前比较主流的短视频变现模式，包括广告变现、电商变现、粉丝变现和特色变现。

7.1.1 广告变现

随着短视频的快速发展，众多商家萌生了以短视频形式进行产品推广的想法，争先恐后地涌入短视频领域，纷纷进行广告投放。商家涌入短视频广告市场，给运营者和平台带来了不少的利润，对于运营者来说，此时应当把握时机，率先通过创意性广告，让用户更容易接受广告的内容，同时提高短视频广告的变现效率。这也是比较适合新手的一种视频变现方式。短视频的广告大致可以分为以下3种。

1. 贴片广告

贴片广告一般会出现在视频的片头或片尾，是随着短视频的播放加贴的一个专门制作的广告，主要为了展现品牌本身，如图7-1所示。这类广告通常与视频本身内容无关，突然出现往往让用户感到突兀和生硬，如果贴片广告处理得不够巧妙，很容易让观众产生抗拒心理。

图7-1

2. 浮窗Logo

浮窗Logo通常是指短视频播放时出现在边角位置的品牌Logo。例如，知名美食视频博主李子柒，她一般会在视频的右下角加上特有的水印，如图7-2所示，这不仅能在一定程度上防止视频盗用的情况，同时Logo还具备一定的商业价值。观众在观看视频的同时，不经意间瞟到角落的Logo，久而久之便会对品牌产生记忆，图7-3所示为"李子柒"品牌旗舰店界面。

图7-2   图7-3

3. 内容中的创意软植入

内容中的创意软植入即广告和内容相结合，成为内容本身。最好的方式就是将品牌融入短视频场景，如果产品和广告结合巧妙，那么观众在观看视频的同时会很自然地接纳产品。这类广告不像前两种广告那么生硬，且分红也是比较客观的。

现在，在很多短视频中，经常可以看到创作者在传递主题内容的同时，自然而然地提及某个品牌，或是拿出一件产品，这种行为也被广大用户亲切地定义为"恰饭"，如图7-4所示。如果这样的广告行为植入自然且幽默，其实是观众挺喜闻乐见的一种形式，大都愿意为喜爱的主播产生购买行为。

图 7-4

对于品牌商家来说，这种广告形式的成本比传统的竞标式电视、电影广告划算，短视频行业流量可观，用户消费水平高，对于有一定粉丝基础的短视频创作者来说，有想法、有创意、有粉丝愿意买单，一旦产生了可观的利润，自然也会引得商家纷纷投来合作的"橄榄枝"。

7.1.2 电商变现

在短视频浪潮的推动之下，内容电商已经成为当前短视频行业的热门趋势，越来越多的企业、个人通过发布自己的原创内容，并凭借基数庞大的粉丝群构建起自己的盈利体系，电商逐渐成为了探索商业模式过程中的一个重要选择。下面为大家介绍两种主流的电商变现模式。

1. 带货导购

如今许多短视频平台都推出了"边看边买"的功能，用户在观看视频时，对应商品的链接将会显示在短视频下方，通过点击该链接，可以跳转至电商平台进行购买。

以抖音为例，该平台如今上线了"商品分享"功能，通过在视频左下角放置购买链接，在点击商品链接后便会出现商品推荐信息，点击"去购买"按钮，可以跳转页面至淘宝进行购买，如图7-5~图7-7所示。

图7-5

图7-6

图7-7

2. 直播带货

短视频直播带货是短视频电商变现的另一种模式，主要是以直播为媒介，将黏性较高的粉丝吸引进直播间，通过面对面直播的方式对产品进行推荐，产生购买，从而获取利益。

以抖音直播间为例，主播在右下角放置商品链接，用户在点击商品链接后可以跳转至相关页面进行购买，如图7-8和图7-9所示。

图7-8

图7-9

提示

　　在开通平台电商功能之前，用户最好提前了解平台的相关准则及入驻要求，避免产生违规交易及操作。图7-10所示为抖音平台"商品分享功能申请"。

图 7-10

7.1.3 粉丝变现

短视频后期的运营应以营利为主，大家要始终明白"流量"才是利润，实现粉丝变现才是最重要的事情。很多运营者都会面对粉丝数量饱和的问题，想要解决此问题，运营者可以从内容、互动、推广等方面着手，吸引更多的粉丝。在具备了一定的粉丝基础后，大家可以尝试从以下几个方面入手，实现粉丝的变现。

1. 直播打赏

直播打赏功能是网络直播的主要变现手段之一，直播带来的丰厚经济效益也是吸引众多视频运营者转入直播的原因。

许多短视频平台都具备直播功能，运营者通过开通直播功能可以与粉丝进行实时互动，除了要积攒人气外，平台的打赏功能也为那些刚入门的运营者提供了能够坚持下去的动力。当前短视频的变现方式主要集中在直播和电商两个层面，一些运营者的短视频质量很高，但是不擅长直播，也没有相应的推广品牌，这样就容易造成变现困难的局面，而打赏功能在一定程度上可以缓解这一难题。图7-11和图7-12所示为抖音推出的直播礼物及直播打赏界面展示。

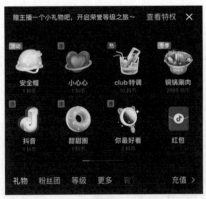

图7-11   图7-12

从运营者的角度来看，抖音平台收获的抖币可以在直播完成后通过提现来实现转换，这样就达成了通过直播变现的目的。

很多短视频运营者通过平台打赏功能获得了相当可观的收入，足不出户就可以通过展示才艺获得丰厚的收入。用户打赏一般分为两种情况，第一种是用户对运营者直播的内容感兴趣，第二种是对运营者传达的价值观表示认同。打赏作为变现的一种形式，在一定程度上突显出粉丝经济的惊人力量。对于短视频运营者来说，想要获得更多打赏金额，还是应该从直播内容出发，为账号树立良好口碑，尽量满足用户需求，多与用户进行互动交流，才能实现人气的持续增长。

2. 付费课程

通过付费课程来营利，也是粉丝变现的典型模式，这种变现模式主要被一些能提供专业技能的运营者所使用。运营者以视频形式帮助用户提高专业技能，用户向运营者支付费用，付费课程这种营利模式更像是一种线下交易的方式。

2020年2月3日，抖音正式支持用户售卖付费课程。根据数据平台"新抖"对2020年2月点赞排名前100的抖音卖课视频进行的统计，得出了如图7-13和图7-14所示的相应占比数据。

图7-13

图7-14

结合数据，大家可以得知线上受欢迎、销量好的视频有以下几个特点。

● 场景学习：以视频的形式还原知识应用场景，让用户了解学习课程的必要性。

● 低门槛：获赞率较高的卖课视频时长通常在1分钟以内，观看门槛低，大部分课程都是针对零基础用户。对于视频创作者来说，在降低理解门槛的同时，还需要让用户看完觉得有收获，愿意进一步购买付费课程。

● 价格合理：低价让用户购买门槛更低，让用户产生"用最少的钱买最有用的知识"这种想法，有利于销量增长。

● 课程实用：大部分高赞卖课视频关联的付费课程都比较实用，对于一些零基础用户来说，技能知识做到"简单易上手且实用"才会激发购买欲。因此，课程的包装不宜太专业化，强调课程的实用性才是最重要的。

让用户接受付费课程并非是一件容易的事情。作为运营者首先要确保用户能从视频中学到东西，可以尝试着为培训课程制定一套完整的体系，为读者阶段性地进行讲解；也可以针对用户的某一需求和难题给出解决方案，有针对性地为读者提供帮助。

7.1.4 特色变现

使自己的变现方式与众不同，有效地将自己的流量转化为实在的收益，成了运营者成功变现的决定性因素之一。除了前面介绍的一些常规变现方法外，大家还可以尝试从短视频平台条件入手，寻求变现新方向。

1. 渠道分成

对于运营者来说，渠道分成是初期最直接的变现手段，选取合适的渠道分成模式可以快速积累所需资金，从而为后期其他短视频的制作与运营提供便利。

2. 签约独播

如今网络上各大短视频平台层出不穷，为了能够获得更强的市场竞争力，很多平台纷纷开始与运营者签约独播。与平台签约独播是实现短视频变现的一种快捷方式，但这种方式比较适合运营成熟、粉丝众多的运营者，因为对于新人来说，想要获得平台青睐，得到签约收益是一件不容易的事。

3. 活动奖励

为了提高用户活跃度，有的短视频平台会设置一些奖励活动，运营者完成活动任务便可以获得相应的虚拟货币或专属礼物。图7-15和图7-16所示为抖音推出的"百万开麦"活动。

图7-15   图7-16

4. 开发周边产品

短视频的营利不仅仅依靠付费观看或收取广告费，现在，制作周边产品也成为了一种常见的营利手段。周边产品本来指的是以动画、漫画、游戏等作品中的人物或动物造型为设计基础制作出来的产品。现在，在短视频领域，同样可以指以短视频的内容为设计基础制作出来的产品。图7-17和图7-18所示为"同道大叔"与品牌联名推出的周边产品。

| 图7-17 | 图7-18 |

要开发周边产品，运营者首先得做好设计，为周边做好定位。很多人都为产品做过定位，但是真正能把定位做精确的却没有几个，因为他们大多停留在堆砌信息和套用公式的阶段。在这一阶段，收集来的信息看似非常饱满，却并没有太大的实用价值。因此，在开发周边产品前，运营者必须先对账号特点进行分析，然后再为产品做精准定位。

7.2　平台运营：合理的搭建与管理

短视频日益火爆，大量的短视频App纷纷上线。对于短视频运营者来说，选择平台时不要局限于一个平台，建议考虑自身特点，结合各平台的运营规则来选择适合自己的平台，最大化实现流量和粉丝人数的双增长。

7.2.1 结合自身情况

不同的短视频创作者拍摄视频的诉求可能会有所不同，有些人拍视频是为了更广泛地传播信息，有些则更多地关注视频变现。除此之外，各自的账号属性和内容定位也有所区别，因此要根据自身情况合理选择平台。

7.2.2 结合平台情况

每个平台的资源结构都是有差异的，用户的组成和人员也存在很大差异，从性别比例、地域差异、教育背景到兴趣爱好不尽相同。尽量选择适合自己内容方向的平台来发布视频，用户的精准度会更高。

下面为大家分析几个主流短视频平台的基本情况。

- 抖音：机器算法，以年轻用户群体为主，女性用户数量稍高于男性用户数量。
- 快手：机器算法加推荐系统，男性用户数量较多。
- 秒拍：和微博之间有强大的导流作用，更多地依赖资源推荐。
- 美拍：更多地依赖算法推荐，以女性用户群体为主，盛行"网红"文化。
- 今日头条：更多地依赖算法推荐，以男性用户群体为主。

针对不同的平台，运营技巧也存在差异。举例来说，对于背靠百度、阿里巴巴、腾讯三巨头的三大视频网站，2019年出现了许多现象级综艺和剧集，博弈非常激烈。想要在这三大平台上竞争，唯在内容上下工夫，提升自身权重，才能争夺头部位置。

下面为大家举例说明几个不同平台的运营技巧。

- 抖音：无论是做受众广的泛娱乐类型还是深耕某个垂直领域，都需要通过专业的内容运营和用户运营，同时保证内容产出的创意和质量。
- 秒拍：用在其他平台上获取的收入，快速提升秒拍的流量规模。
- 美拍：提升视频中"网红"的知名度，培养网红的粉丝。
- 今日头条：利用平台补贴优势扶持其他平台的流量。

提示

在平台运营时，衡量流量价值有一个基本规则，即流量获取难度代表流量价值大小。通常换算方法为：1个微信播放＝1个今日头条播放＝100个秒拍播放，由此可以轻松地换算出1000个微信播放量对比100000个秒拍播放量的价值。对一个有价值的短视频来说，1亿流量是最基本的门槛。如果想要得到进一步的提升，运营者需要做好平台布局，带动流量的持续增长。

7.3 用户运营：揭开粉丝暴涨的秘密

短视频的用户运营可以被简单理解为依据用户的行为数据，对用户进行回馈与激励，不断提升用户体验和活跃度，促进用户转化。短视频的用户运营有3个重要阶段：提升流量、获取种子用户、激活用户。

7.3.1 流量的原理

对于短视频运营者来说，获取流量是运营的核心目标，也是实现变现的重点。

1. 流量的价值

短视频流量的价值核心在于变现，通过内容吸引流量的同时，把流量转换到其他需要流量的商业活动中，最终促成交易，达到营利的目的。流量越精准，用户垂直度越高，流量的商业价值就越大。

目前流量提升主要有3种方式：精品内容的打造、品牌推广、用户运营，如图7-19所示。其中精品内容的打造非常考验内容生产能力和专业性，需要创作者们静下心来精雕细琢，不断改进。品牌推广对公关能力、资源和资金的要求较高。对短视频运营者来说，除了内容的打磨外，做好用户运营也是获取流量成本最低的方式。

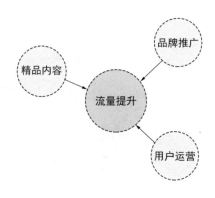

图 7-19

2. 短视频机器算法

　　要做好短视频的用户运营，获取更多流量，离不开对推荐机制的深入研究。短视频平台的推荐机制已经从优酷的编辑模式跨入了机器算法时代。机器获取有效信息的直接途径包括短视频的标题、描述、标签、分类等。以抖音为例，该平台的模式被称为"流量赛马机制"，这种算法主要经过以下3个阶段，如图7-20所示。

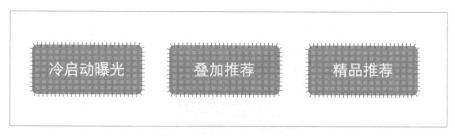

图 7-20

　　● 　冷启动曝光：对于上传到平台的短视频，机器算法在初步分配流量的时候，会进行平台审核，审核通过后进入冷启动流量池，给予每个短视频均等的初始曝光机会。这个阶段，视频主要分发给关注的用户和附近的用户，然后会依据标签、标题等数据进行智能分发。

　　● 　叠加推荐：经过分发的视频，算法会从曝光的视频中进行数据筛选，对比视频点赞量、评论量、转发量、完播率等多个维度的数据，选择出数据表现出众的短视频，放入流量池，给予叠加推荐，依次循环往复。

　　● 　精品推荐：经过多轮筛选后，多个维度（点击率、完播率、评论的互动率）表现优秀的视频会被放入精品推荐池，最先推荐给用户。

7.3.2 如何增加曝光量

　　在账号创建初期，通过冷启动曝光获得足够多的种子用户，是短视频运营者在初期运营时的重心。下面为大家介绍几种增加视频曝光量的方法。

1. 多渠道转发

利用个人的社交关系和影响力，在朋友圈、微信群、知乎、贴吧和微博等渠道进行转发传播，可以获得更多用户的关注，如图7-21所示。

图 7-21

2. 参加挑战和比赛

很多短视频平台都有挑战项目，这些项目自带巨大流量。例如，抖音平台推出的"话题挑战赛"，每天都有各种主题的热门话题和挑战活动，鼓励用户积极参加。参与话题挑战赛，就是跟拍网友们的同款视频，最后看谁拍的效果好。这样一种娱乐竞赛性质的活动，不仅可以起到很好的引导推广作用，还有机会通过话题的方式来引爆流量。图7-22所示为抖音推出的"#奇多奇葩吃挑战赛"活动，可以看到该话题的播放量高达5.5亿次。

图 7-22

3. 付费推广

一些平台提供了付费推广渠道，有助于获取更大的曝光量，如抖音推出的"DOU＋上热门"功能，如图7-23所示。作为抖音内置的内容加热工具，它支持自投放和代投放，通过高效智能的推荐算法，可以将用户视频精准地推荐给对内容感兴趣的潜在用户，从而实现播放量、点赞量和粉丝量的快速提升。

图 7-23

4. 蹭热度

"蹭热度"是一种高效可行的增加曝光量的方法。短视频运营者可以在一些流量较大的大V或热门微博下进行评论、回复，积极分享自己的观点，帮助别人解决问题，用精彩独到的观点吸引别人的关注也是一种获取流量的方法。

此外，一些自带流量和关注度的热点新闻、热点话题也是短视频运营者需要随时关注的，将这些话题融入自己的视频内容，通常可以产生强烈的共鸣，引发热烈的讨论。例如，2019年度爆红的短视频系列"朱一旦的枯燥生活"团队，通过将网上的一些热点话题"融梗"到短视频中，加上其独特的脚本、"黑色幽默"式的艺术风格，吸引了众多网友们的转发和讨论。

5. 活动推广

活动推广大致可以分为以下几种。

● 为各机构拍摄短视频：为流量较大的机构拍摄短视频是一种高回报的行为。例如抖音"西瓜奇幻工厂"为湖南卫视的"歌手"节目拍摄宣传片，如图7-24和图7-25所示。

图7-24	图7-25

● 转发抽奖：转发抽奖是经常被使用的形式。转发抽奖活动的设置比较关键，可以是用户感兴趣的礼品，也可以是其他形式。奖品设置的关键是从用户的角度出发，因此短视频运营者需要考虑什么样的抽奖机制能激发用户的参与度。

● 线下推广：成功的线下推广能以比较低的成本吸引精准的用户群体。线下推广时，尽量选择商场、地铁站、高校食堂这类人比较多的场所，同时一定要注意和场地工作人员提前协商好。

6. 导流

与其他的自媒体人进行合作，相互导流也是沉淀用户的很好方式。例如B站知名UP主"敬汉卿"和"翔翔大作战"就曾合作拍摄视频，两位UP主都具有一定的粉丝基础，通过合作可以实现各自粉丝的互相导流，创下不错的播放量，如图7-26所示。但对于一些跨平台导流操作，则需要提前了解两个平台之间是否允许相互导流，只有在被允许的情况下进行操作才是正规操作。

图 7-26

7.3.3 如何增加粉丝黏性

对于短视频运营者来说，粉丝是维系账号发展的重要支撑，粉丝能够为短视频账户带来庞大的利益，只有维护好、利用好，才能使账号逐步升级。维护粉丝的主要手段就是要不断地与粉丝进行互动，带动粉丝活跃度，引导用户持续关注账户。下面就为大家详细介绍几种增加粉丝黏性的方法。

1. 评论互动

互动是短视频算法中一个重要的指标。短视频运营者在发布视频后，用户产生了观看、评论和点赞等行为后，运营者可以从以下两个方面来进一步回应和沟通。

- 在视频中引导评论：通过在视频中设置提问环节，抛出能够引发用户共鸣和思考的问题，可以有效地提升用户的参与感，引导他们进行评论和讨论。
- 回复评论：运营者及时反馈用户评论，可以激发用户的参与热情。一旦发现高质量、幽默且具有代表性的评论，运营者可以将其设置为精选置顶评论，借此引导更大范围的互动。

2. 私信

对于一些互动频率和质量较高的用户，运营者可以将其作为重点培养对象，进行互相关注、跟进评论，或者是私信沟通，产生友好的互动关系。

3. 话题活动

富有创意和传播性的活动是短视频运营中的一种重要形式，也是增加粉丝黏性的有效方式。鉴于短视频平台的局限性，运营者可以通过社群的方式将粉丝沉淀下来，通过后续各种活动来获取用户反馈，增加用户黏性，也可以鼓励用户积极表达，鼓励他们成为内容的生产者。需要注意的是，单纯的抽奖活动并不是长久之计，能够带动人群参与热情的话题才是关键。

7.4 数据运营：透过数据寻找热点内容

短视频的所有运营行为都是以数据为导向的。运营者除了需要通过数据持续了解播放量、点赞量和转发量外，还需要观测后续数据发展，调整短视频的内容、发布时间和发布频率，逐步提升短视频的平台流量。

7.4.1 数据分析的意义

数据是运营的灵魂，所有的运营都建立在数据分析的基础之上。对于短视频运营者来说，数据分析的意义大致可以分为以下两个方面。

1. 数据引导内容方向

在创作初期，团队对时长和选题的了解不够充分，需要借助数据来指导内容方向。初期经过内容用户定位、竞品分析后，选取资源较为充足的选题，按照最小化启动原则，不断根据播放量、点赞量和转发量等数据的对比来统计短视频的受欢迎程度，持续调整内容方向。

在内容方向稳定下来后，数据的意义就更加重要了。运营者需要通过和竞品数据的对比，以及自身账号几个维度的数据分析，来改进选题，提升流量，增加粉丝黏性。

2. 数据指导发布时间

短视频的发布频率和时间也是短视频运营的关键环节。每个平台都有自己的观看流量高峰，高峰时段和推荐机制的差异单靠人工去判断，不仅工作量很大，准确率也不够高，此时通过数据管理工具，则可以大大提升效率，获得精确数据。图7-27所示为短视频数据分析平台"飞瓜数据"的官网界面。

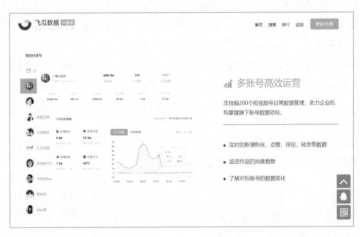

图 7-27

7.4.2 数据分析的关键指标

在短视频运营中，数据分析是不可或缺的环节，所有运营行为的分析和优化都建立在数据的基础上。以下几组数据是短视频运营者需要关注的。

1. 固有数据

固有数据是指发布时间、视频时长、发布渠道等与视频发布相关的数据。

2. 基础数据

基础数据通常包括以下几点。

● 播放量：通常涉及累计播放量和同期对比播放量，通过播放量的变化对比可以总结出一些基本规律，如标题含金量、选题方向等。

● 评论量：反映出短视频引发共鸣、关注和争论的程度。

● 点赞量：反映了短视频的受欢迎程度。

● 转发量：反映了短视频的传播度。

● 收藏量：反映了短视频的利用价值。

3. 关键比率

视频的基础数据是变化浮动的，但比率是有规律的。这些比率是分析数据的关键指标，是进行选题调整和内容改进的重要依据。

● 评论率：评论率＝评论数量/播放量×100%，体现出哪些选题更容易引发大家共鸣，引起大家讨论的欲望。

● 点赞率：点赞率＝点赞量/播放量×100%，反映出短视频受欢迎的程度。

● 转发率：转发率＝转发量/播放量×100%，代表用户的分享行为，说明观众认可视频表达的观点和态度。通常转发率高的视频，带来的新增粉丝量也比较多。

● 收藏率：收藏率＝收藏量/播放量×100%，能够反映用户对短视频价值的认可程度，同时收藏后很可能再次观看，提升完播率。

● 完播率：完播率是指完整看完整个视频的人数比例，是短视频平台进行统计的一个重要维度。完播率的提升，要注意两个点：第一是调整短视频节奏，努力在最短的时间内抓住用户眼球；第二是通过文案引导用户看完整个短视频。

4. 数据分析维度

进行短视频数据分析，不仅要分析自己的视频数据，还要分析同行视频数据、榜单视频数据，各维度比对可从宏观和微观角度把握趋势和内容方向。

可视化分析是将数据、信息转化为可视化形式。最基础的可视化分析工具就是Excel表格，运营者可以将自己需要的数据类型进行整合，然后转化为Excel表格，使数据更加直观和清晰。而对于一些较大量数据的分析，则可以借助其他可视化分析工具来进行。下面为大家介绍两款比较高效的数据分析平台。

飞瓜数据可以用来查看各网的运营数据，如播放统计、用户统计，还可以显示各平台的数据，帮助内容创作者更好地跟踪内容数据，优化选题。图7-28所示为飞瓜数据的粉丝特征数据分析页面。

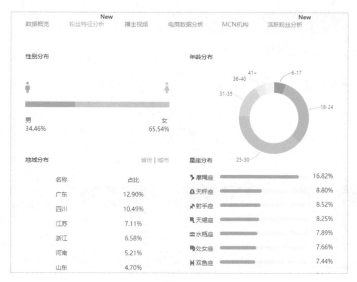

图 7-28

卡思数据是一款基于全网各平台的数据开放平台，为用户提供了全方位的数据查询、趋势分析、舆情分析、用户画像、视频监测和数据研究等服务，为创作团队在内容创作和用户运营方面提供数据支持，为广告主的广告投放提供数据参考，为内容投资提供全面客观的价值评估。图7-29所示为卡思数据官网界面。

图 7-29

数据对于短视频运营者的重要性不言而喻，想要尽早实现内容变现，时刻关注市场数据走向是很有必要的。透过数据，创作者可以精确地掌握全网热点，了解用户的喜好，高效打造爆款涨粉视频。对于一些需要带货的主播或淘客来说，透过数据则可以行之有效地定位平台近期热门爆单商品，逐步实现产品变现，如图7-30所示。

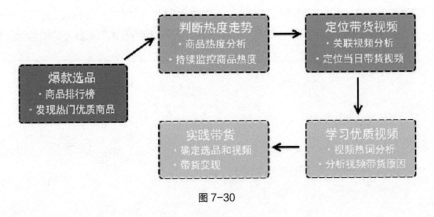

图 7-30

7.5 展望未来：及早掌握发展趋势

随着时代的飞速发展，人工智能、大数据、增强现实、5G、未来新闻业、内容生态、社交和商业模式创新，这些概念都与短视频的未来息息相关。短视频内容创作者要用长远的目光，提前感知短视频行业的发展趋势，及早做出相应的内容调整，迎合市场，才能在竞争日益激烈的短视频市场里谋得长远发展。

7.5.1 短视频＋创新商业模式

日前，通过短视频实现品牌的智能传播已经是很多品牌都在做的营销方式。相比图义等传播形态，短视频形式的内容让用户表达更加立体、真实和丰富，短视频引领着人们交流方式的升级和进化。

在这样的背景下，短视频为营销带来了新的想象力。一方面，品牌要在短视频生态中变身为内容创作者，成为关系链的组成部分，融入生态，才能为更多的用户所关注；另一方面，品牌可以通过智能化的手段精准地匹配到用户，通过短视频更加深度地与用户互动，从而实现营销的目的。

越来越多的品牌开始尝试用智能化的手段让用户体验和传播美好生活，"智能＋传播＋短视频"成为了品牌的全新营销方式。

以上是短视频在营销领域的创新商业模式，在其他领域，如零售领域、电商领域、金融领域等，也逐渐开拓了创新商业模式。移动端网民数及移动互联网流量快速增长，为短视频的发展提供了庞大的用户基础。数据显示，到2021年，视频将占移动端流量的70%，内容轻量、时长可控的短视频符合用户碎片化的阅读习惯，并能满足用户的社交和娱乐需求，这期间或许还会产生更多的短视频创新商业模式。

7.5.2 短视频＋人工智能

在视频场景识别方面，百度信息流已实现100%机器自动分类，准确率达到98%，未来人工智能（Artificial Intelligence，简称AI）技术在短视频中的应用将更深入和复杂，包括对视频的理解及视频生成等各个环节。

在2018年"双十一"活动前夕，阿里巴巴率先在短视频领域引入AI技术，与浙江大学联合实验室共同研发上线了AI应用"AlibabaWOOD"，通过AI技术，首次打通了商品与人类的情感连接，可以在一分钟内制作多达200个商品展示短视频，图7-31所示为"AlibabaWOOD"beta版网站首页。

图 7-31

AlibabaWOOD是"短视频＋人工智能"这一创新模式的代表，它的出现能很好地降低商品视频制作的成本，在最短的时间内提升商品的成交转化率，为商家增加收益。

除了具备自动将图片转化为视频的能力外，AlibabaWOOD还首次使用了音乐情感分析技术。在接到用户的视频音乐需求后，它会通过大数据分析，为商品视频自动匹配符合其风格、节奏和情感的音乐，从而建立起商品和人类情感之间的连接关系，并持续优化用户购物情绪的唤醒度和愉悦度。

7.5.3 短视频＋5G

如今，我国在5G建设方面的成就已经走到了世界前列，并且呈现着越来越猛的发展势头。2020年3月6日，中国移动对第二批5G设备进行了采购，同时制定了"2020全年建设30万个5G基站，并且覆盖全国所有地级以上城市"的建设目标。

5G时代的到来，用谷歌董事长埃里克·施密特的话说，"是一个高度个性化、互动化的有趣世界"。互联网将连接一切，更深度的内容和服务将会出现，网络将变得更加人性化和智能化，如图7-32所示。

图 7-32

有预测称：短视频是5G时代移动互联网和新媒体的制高点。5G时代，不仅有人的记录，还有设备的记录。更多设备接入，更多数据输入，并且保持随时在线。人与设备的共同赋能，将产生更丰富的输出和应用，包括看得见的和看不见的信息。在未来，5G或将通过视频实现远程医疗、智能农业等技术。

7.5.4 短视频＋社交

抖音火山版（原火山小视频）于2020年3月上线了语音直播功能，希望通过直播功能的丰富和完善，让用户更好地进行交流，从而获得更优质的内容，丰富精神生活。图7-33所示为抖音火山版语音直播功能开启界面。

图 7-33

社交的本质是养成，而养成依靠的是互动。短视频形式结合社交能否成为未来的主流趋势，还需要经过时间的检验，然而抖音、快手等平台培育了全民通过视频表达自我的良好基础，随着5G时代的开启，视频互动社区或将会"杀"出一匹黑马，"短视频＋社交"未来可期。

7.5.5 短视频＋增强现实

增强现实（Augmented Reality，简称AR）可以将虚拟的信息应用到真实世界，被人类感官所感知，达到超越现实的感官体验。

如今许多短视频平台都会利用人脸识别和AR技术，实现换发色、换妆容和脸部贴纸等特效，增加视频的趣味性，图7-34~图7-36所示为抖音AR拍摄道具及其拍摄效果。

图7-34

图7-35

图7-36

AR技术因其酷炫有趣的个性化表达，以及活跃的话题性与互动性，逐渐成为短视频领域的核心与标配。AR独特的虚实融合特效，决定了其在短视频领域具有无限的拓展空间。虽然目前短视频的AR应用还停留在初级阶段，但谁又能断言未来不会有突破性的进展和新机遇呢？

7.5.6 短视频＋未来新闻业

初期的短视频作品，用浙江传媒学院李良荣教授的话概括就是：重娱乐，轻资讯；重流量，轻质量；UGC（用户输出内容）多，PGC（专业人士输出内容）少。

渐渐地，短视频的特点和人们获取新闻资讯的特点变得非常契合。一方面，短视频短则只有几十秒，长的也控制在3~5分钟，不需要人们保持长时间的、持续的注意力，这非常符合当前碎片化的阅读场景，人们在上下班路上、工作学习的间隙或者休息的时候都可以刷视频。另外，短视频由于时长较短，因此往往主题鲜明，在视频开头便直接切入主题，开门见山，叙事结构紧凑，传递的信息量较大，在短短的几十秒或几分钟内就能够把一件事的前因后果交代清楚，这十分符合当前受众在信息获取方面的高效需求。

上述这些特点都很符合人们看新闻的需求——短时间内获得更多的信息，并且在开始就可以知道一个新闻的核心，决定是否继续看完一则新闻。未来，更多专业的短视频创作者将会给用户传递足够多的新闻资讯。